车建新 钱莊 著

体验的智慧 I

成长哲学

ZHEJIANG UNIVERSITY PRESS
浙江大学出版社

图书在版编目(CIP)数据

体验的智慧.1,成长哲学 / 车建新,钱莊著. —
杭州:浙江大学出版社,2013.1(2013.11重印)
ISBN 978-7-308-11038-9

Ⅰ.①体… Ⅱ.①车… ②钱… Ⅲ.①车建新—生平
事迹 Ⅳ.①K825.38

中国版本图书馆 CIP 数据核字(2013)第 012893 号

体验的智慧Ⅰ:成长哲学

车建新　钱　莊　著

策　　划　蓝狮子财经出版中心
责任编辑　王长刚
出版发行　浙江大学出版社
　　　　　(杭州市天目山路 148 号　邮政编码 310007)
　　　　　(网址: http://www.zjupress.com)
排　　版　杭州兴邦电子印务有限公司
印　　刷　杭州长命印刷有限公司
开　　本　880mm×1230mm　1/32
印　　张　7.75
字　　数　157 千
版 印 次　2012 年 12 月第 1 版　2013 年 11 月第 5 次印刷
书　　号　ISBN 978-7-308-11038-9
定　　价　30.00 元

浙江大学出版社发行部邮购电话(0571)88925591

“目 录”

第一章 | 从认知开启心智之旅

第二章 | 思维模式决定一生的质量

第三章 | 成长就是向成功下订单

序 一
在观念的追问中遇见诗意 ""

红星美凯龙这名字很奇怪，前一半像公社，后一半像外企，组合在一块儿，是中国最大的家居品牌。

董事长车建新，看上去温文尔雅。在我的印象中他似乎总是带着笑意，没有行业老大的飞扬跋扈，反而闪烁着一点若隐若现的天真。

我第一次在论坛上见到他，听见他向创业的大学生们介绍自己："我是个木匠。"他讲到自己 14 岁时的一个黄昏，走在窄窄的田埂上，迎面走来一位颤悠悠挑着秧苗担子的老人，这个 14 岁的少年一瞬间清晰地望见了 60 岁时候的自己，于是他决心改变人生，走一条创造新自我的道路。

从那个黄昏开始，一个小木匠开始打造最精良的家具和最精良的人生。向外，他亲手缔造了中国最大的家居王国；向内，他用30年光阴酝酿了诗意盎然的哲学观。

他把这个内心王国的价值称为《体验的智慧》，他的自序就叫《一切智慧皆来自体验》。我慢慢读此书，但见满树繁花照眼，一枝一叶都来自于以身体之、以血验之的自我经验。比如他在小区里跑步时，就会思考自己和麻雀谁更快乐，后来得出结论："财富是认知出来的。麻雀认知世界是它的，我认知世界不是我自己的，所以说，我的财富没有它多，我也没有它幸福。"那么，超越了财富去看呢？车建新认为："人类应该勤劳以后变幸福，因为勤劳改变了我们的生活规律。"

他还有一个更为经典的结论："世间万物其实都是相对的。所谓'有限幸福'也就是说有'度'才会幸福，无'度'必定痛苦。"

我以为，这样一个行业老大，能够谦卑地和麻雀比幸福不易，能够有这样的节制和彻悟更不易！他请我出去吃饭的时候，两个人点不了几个菜就吃不完了，他就把服务员叫过来问："这份炸豆腐有几块？"小服务员说："一道菜10块豆腐。"车建新笑眯眯地说："小妹妹，你看我们只有两个人，给我们上5块好不好？"小服务员有点不高兴："我们不卖半份的。""知道，知道，我们钱付整份的，就是吃不完不好浪费，上半份好不好？"车建新还是一副笑眯眯的样子。

我于是想起王阳明在《传习录》中讲到知行合一时说："知者行之始，行者知之成。圣学只一个功夫，知行不可分作两事。"车建

新自己也是一个哲学家，他一点一点从自我体验中捉摸出的感受
再一样一样地还原到寻常日子中，去把握一种更有质量的生活。

著名学者

人、人学与"中国的羊皮卷"

"

一

人是世界上最神秘和神奇的生灵。古希腊思想家普罗泰戈拉说："人是万物的尺度，是存在者存在的尺度，也是不存在者不存在的尺度。"在阿波罗的德尔菲神庙上铭刻的那句格言——"认识你自己"，至今仍是人类求索的核心命题。

人在中国传统中的地位同样重要。最古老的典籍之一《尚书》提出，"惟人万物之灵"；《礼记》中记载，"故人者，天地之心也，五行之端也"，把人看作世界的中心。荀子在阐述人与万物的关系时指出，"水火有气而无生，草木有生而无知，禽兽有知而无义。人有气，有生，有知，亦且有义，故最为天下贵也"。荀子的这个观点，被东汉的许慎在《说文解字》中对"人"字释义时延续了，人被视为"天地之性最贵者也"。

在比较中国和西方对"人"的看法时，不少研究指出，西方更偏重于"认识论"，即试图从物质和科学的角度弄清人究竟是什么；而中国更偏重于"体验论"，即更多从心灵体验的角度研究人，"心是道，心是理"，"一切诸法，唯心所生"。西方艺术重视再现，中国绘画重视表现，根源就在这里。

从马克思的立场看，劳动创造了人，生命在于运动，人是改造大自然的生产实践的产物，而人和自然之间的物质变换，又离不开人与人的交往活动和社会关系。所以马克思说，人是一切社会关系的总和。同时，只有通过实践并借助劳动工具的革新，人的本质力量才能得到延伸（如汽车是腿部的延伸，望远镜是眼睛的延伸），人类才能实现自由全面的发展。

和马克思主义的实践论相比，中国文化中对人的价值体认，更多是伦理学意义的，也就是把人的价值与其在伦常关系中的表现联系起来。例如，仁、义、礼、智、信这"五常"，就是用来调整和规范君臣、父子、兄弟、夫妇、朋友等人伦关系的行为准则。

无论是从西方的认识论和实践论角度，还是从中国的体验论和伦理学角度，有一点是相通的，那就是，只要人类存在一天，就不会停止对"人"这一永恒谜语的求解。

人之为万物之灵，一个重要原因是人能思考和体验，并把知识、经验和感受通过文字等形式记录下来，传承下去，使后人总是能站在前人肩上继续探索。

在对人的探索道路上,"传道、授业、解惑"的教育可能是最重要的工具。那些伟大的思想家,很多都是伟大的教师。孔子说"性相近也,习相远也",提倡"每事问","三人行,必有我师焉","学而不厌,诲人不倦"。苏格拉底说"最有效的教育方法不是告诉人们答案,而是向他们提问","问题是接生婆,它能帮助新思想的诞生"。这两位东西方的"至圣先师",毕其一生,都把教育、学习与人生关联在一起。

二

一个世纪以来,与市场经济的发展相对应,全球出现了不少专门研究和传播人生态度、性格习惯、思考模式、人际交往、修身处事、形象塑造、职场路径、组织行为、公司文化等与"人"的思想和行为高度相关的学术、教育和励志流派,并经由现代化的传播方式,产生了巨大的社会影响。像"心灵鸡汤"、"心中巨人"、"思考致富"、"积极心态"、"情商"、"逆商"、"学习型组织"、"穷爸爸富爸爸"、"奶酪"、"九型人格"等词汇早已深入人心。而诸多政治和宗教领袖、商业巨子、推销大师、社会名流、传媒明星、经济学家和管理学家,也在社会需求的驱动下,参与激励教育,撰写励志作品,与人们分享其奋斗经历和观念价值。

20世纪90年代中期,我曾花过一些时间研究包括成功学在内的全球激励教育的流变。美国实用主义哲学创始人威廉·詹姆斯说:"普通人一生只是运用了10%的人生潜力,人完全可以通过改变其思想而改变其生活。"激励教育的目的,就是通过对人的心理、态度、习惯、认知等方面的改变，让人超越庸常，迈向理想的自我、卓越的人生、恒久的快乐。在某种意义上，激励教育可以说是"励志性的人学"。

不久前去世的美国成功学大师史蒂芬·柯维（《高效能人士的七个习惯》的作者）曾对 1776 年美国建国后 200 年间讨论成功因素的文献论著加以研究。他发现，前 150 年中的作品强调"品德"为成功之本，包括正直、谦逊、勤勉、朴实、耐心、勇气、公正、己所不欲勿施于人，等等。"品德成功学"认为，真正的成功与人的品德密不可分。

第一次世界大战后，成功学转向强调个人魅力，即成功与否取决于个性、社会形象和维持良好人际关系的圆熟技巧。由此出发，注重人际关系和公关技巧的"关系成功学"，与注重"积极心态"的"心态成功学"成为 20 世纪成功学的两大思潮。究其原因，在市场经济下，价值实现往往依靠交往与交易，因此人在交往中被认可的程度，人的心态、沟通能力和影响力，往往能发挥显著作用。

《人性的弱点》的作者戴尔·卡内基是"关系成功学"的奠基人，他信奉"人的成功，15% 在于专业知识，85% 在于人际关系和处事能力"。其学说广泛应用于沟通、演讲、谈判、推销等领域。另一方面，以"钢铁大王"安德鲁·卡内基、拿破仑·希尔、W·克莱汀特·斯通等为代表，孕育了"心态成功学"的潮流。他们推崇"一切的成就，一切的财富，都始于一个意念(idea)"。这一流派后来与心理学、神经学、医学等交融，衍生出更多分支，包括以阿德勒和弗兰克医生为代表的"维也纳精神治疗学派"，以马斯洛为代表的人本主义心理学，以威廉·詹姆斯、加德纳·墨菲为代表的潜意识学派，以外科整容医生马尔兹为代表的"自我意向理论"，以约翰·葛林德、理查·班德勒为代表的"神经语言学"，等等。

成功学中有很多重要著作。《人性的弱点》在美国的发行量一度仅次于《圣经》。流浪汉出身、后来成为心灵自助专家的奥格·曼狄诺所著《世界上最伟大的推销员》销量接近 2000 万册。曼狄诺年轻时，被内心疑惑和失业的痛苦所折磨，四处寻找答案，直到有一天得到"来自上帝的馈赠"———本《圣经》和一张书单，从中获得神奇的力量。书单上的著作皆出自美国 200 年来的成功人士之手，且都有很强的励志性，如《本杰明·富兰克林自传》、拿破仑·希尔的《思考致富》、弗洛姆的《爱的艺术》等。这十几本书后来被统称为"羊皮卷"系列，1996 年在中国出版，并产生了广泛影响。

三

我在 2004 年所写的《最伟大的激励》中曾提出，在 21 世纪，中国面对着经济发展与文明复兴的两大命题。相应的，中国人也面对着双重的挑战，一方面是创造财富，力争上游；一方面是内心充实，喜乐幸福。由于这种"双重性"，中国需要借鉴的激励资源不应该局限于"心态"和"技巧"，21 世纪中国的成功学，应该是复合性的、全面的成功学。

中国入世后十多年来，励志类图书已成为出版业的一道独特风景，企业家传记(如韦尔奇、乔布斯、李开复、马云、俞敏洪、王石、冯仑、潘石屹、稻盛和夫等)、引进版图书(如斯宾塞的"一分钟系列")和本土性培训著作(如曾仕强、汪中求、李践等的著作)是三大组成部分,再加上媒体的推波助澜(如"赢在中国"和杜拉拉系列)和出版机构的努力(如中信、华章、蓝狮子、湛庐等),中国的励志教育市场不断成长。

但是,中国能否出现像"羊皮卷"那样经久不衰的励志大作呢?到目前为止似乎还没有。今天是一个多元化的时代,从过于细分的角度切入,很难有大影响;面面俱到的东西,往往缺乏血肉,显得教条和堆砌;明星企业家的作品,有轰动效应,但因基本是从企业历程的角度展开,除了像李开复先生的《做最好的自己》等极少数作品外,很难成为专门性的励志教程。

在此背景下,我读到了红星美凯龙集团创始人车建新先生的心血之作《体验的智慧》。研读再三,我认为该书堪称是"中国的羊皮卷",开辟了中国成功学、幸福学、励志教育的新视野,是一部知行合一、学思兼修、气韵饱满、灵光四溢、态度谦诚、新意盎然的关于人之为人、人之自然、人之成长、人之成功、人之幸福的体验之书、分享之书、睿智之书、妙趣之书。

《体验的智慧》分为成长哲学和生活哲学两卷。成长哲学侧重于"思",是"体验性之思";生活哲学侧重于"情",是"思辨性之情"。前者总体属于成长之学、成功之学、成就之学,后者总体属于幸福之学、快乐之学、生命之学,合为一部全面而生动的"励志人学"。

成长哲学从体验与思维的角度切入。车建新认为,怎样活着、怎样活得更好,"要靠体验去激活大脑",经过体验和思考的生存才是生活，一个人通过学习与体验才能成长与成功，成长永在一个动态的过程之中。由这一原点出发，作者立足现实，有感而发，触类旁通，广泛探讨了认知、意念、能力、体验、自我意识、思维、思考方式、记忆、想象、心态、资源整合、环境影响、做人原则、做事态度、文化价值、责任感、时间观、机会观、结构观、审美观、因果观、成长意识与成长力、工作与兴趣、习惯、学习、状态、选择、细节、价值观、自我定位与取势、分析、灵感与创新、技能等命题，涵盖了成功学最主要的四个研究领域，即认知、心态、习惯、方法。

在我看来，车建新的成长哲学，是中国企业家将自身的人生感悟与实践经验，与西方成功学交汇交融后，所形成的对人生的新省察，或者说，它是西方成功学的一个"中国式体验版本"。

四

如果止步于此，《体验的智慧》也是一部好的励志作品，但离"中国的羊皮卷"的标准尚有距离。然而，车建新的愿望似乎在于，他要建立一套带有原创性的新思考体系，而不是完全拘泥于西方的"羊皮卷"之中。这种努力的结果，就是他所构建的以"九情九欲"为轴心的生活哲学。

车建新的生活哲学，既与生命科学中的细胞理论有关，更来自于对古往今来"人性论"的核心问题"生命是什么"、"人怎样构成"的创新式解答。古人有"三情一欲"（喜、怒、哀、乐），当代社会，人心远远复杂，要完整解析人性人心、人情人欲，就需要有新的提炼与归纳。车建新提出的"九情"是喜、怒、哀、忧、悲、恐、憎、爱、善，"九欲"是生（求生欲）、食（食欲）、色（色欲）、名（名欲）、利（利欲）、智（求知欲）、诉（表达欲）、征（征服欲）、适（舒适欲）。

车建新认为，"九情九欲"是人类独有的心理状态和生理要求，是人性的根本基础。"情"主要是心理活动，"欲"主要是生理活动，它们互动互补，相辅相成，协调搭配，相互转化。他倡导将负情绪转换成正情绪的"转换论"，提出"完善和改良人的情绪置换"，以尽可能避免偏、畸，更好地提升人的自律能力。

除了"九情"、"九欲"之外，生活哲学还有两个部分。一个部分漫谈动静与休息、骨骼与调理、精气神的协调、梦、团队学习、终点规划、灵性与智慧、学习与生命、意识、意志生命；一个部分专谈人的幸福快乐，家庭、婚姻、心智、感知、率真、舍弃、情景与情商、节制、共有财富，而最后，车建新给出的终极结论是——只有为社会创造财富，才能为个人带来财富，带来最大的幸福；内心充满智慧，感觉自身力量无限，就是幸福；只要把财富观与幸福观真正打通，就会拥有一种新智慧。

读完全书，我仿佛理解了，车建新，这个从贫苦农家走出、自小读书不多的小木匠，为什么历经30多年的奋斗，能成为商界翘楚，而且不断超越自己，更新思维，以体验为乐，以创新为快。我想是因为他有两件宝贝，一个是他从父母身上承续的那些最朴素也最持久的价值观，勤劳、俭朴、正直、付出与智慧；另一个是他走向社会，千辛万苦、千锤百炼后形成的学习和思考习惯。他永在观察，永在揣摩，永在学习，永在提炼，他是实践者、学习者、体验者、思想者，宁可选择一万次"异想天开"，也不会选择一次让大脑僵化。正是这样的习惯和历练，让他观乎万物，化成人文，融汇百科，自成一说，"心生而言立，言立而文明"。

文，心学也。读《体验的智慧》这部"中国的羊皮卷"——认识生命、经营人生、追求真善美的励志之作，促进人的自由全面发展的创新之作——必定会有思想的收获、心灵的收获。

秦朔

《第一财经日报》总编辑

问自己一个与生命有关的问题

我认识车建新并不太久,也就一年有余。之前,我知道他是因为红星美凯龙,这家来自江苏的家具连锁企业是它那个行业的传奇。秦朔介绍我认识车建新,是因为车建新在写一本书。

每一个人的内心都有写一本书的冲动,但每一本书如每一个人,有不同的面貌与思想。"车建新为什么要写书?"我问。美国钢铁大王卡内基晚年写回忆录,朋友问他,为什么要写书,他说:"我要有一面镜子看清自己。"

过去 20 年里,我写过很多企业的书,也出版过很多企业家的书。车建新的创业经历也许是一个不错的中国故事:25 年,从 600 元借款变成 600 亿资产,财富增长 1 亿倍。车建新却说:"我要写自己的体验。"

体验就很难数字化了。体验会有体温,会有徘徊,会变得柔软。

"14岁那年夏天,我帮母亲去挑秧,路上有个老公公,已经74岁了,他和我一样在挑秧,然后我想到:难道我要像这位老公公一样再挑60年的秧?当时我暗下决心:这辈子一定要先苦后甜。其实我之所以从农村走出来,我的出发点只是'要让自己当一个有用人',不想依赖父母,只想利用好家庭、朋友的资源,为家庭赚钱,想把事情做好,有责任心,有正义感,想超过别人……"

这是一个场景。少年,和他的一段内心独白,充满了企图,有方向,却没有道路。

"我16岁那年,刚从乡下到城里来打工,第一次上街才知道,城市里是靠右行走的。这次经历让我深切地感受到,原来走路也要学习,不学习是没法生存自立的……"

每一个从乡村或边城走出来的青年都有过这样的体验吧。城市的马路太宽了,陌生的秩序让人不知所措。

"人的生命只有一次。每个生命都是伟大的。既然是生命的存在了,来人世间走一遭了,起码应该活得明白:我是谁?这个世界是怎么回事?后者更是以追求智慧的方式去探索人生、体验人生了。"

"什么是生活?生活是一门学科,更是一门艺术。未经思考和体验的生活是不值一过的,只能说是生存而已。"

"人生就是三件事,一找到事物的本质,二找到事物的规律,三找到事物之间的联系,事物之间的联系就是创新发明。"

"我们总是看见天鹅在水面上,骄傲地昂着头,自信而优雅地游着,却往往忽略了它在水下不停运动的两只脚——人亦如此,要想骄傲地自信着，只有永不停息地努力啊！"

　　……

　　读着这些文字，你可以听见骨骼成长的声音，很原始，很直接，很欲望。它们属于这个以达尔文主义为信仰、以享受为耻辱的时代。它们属于一代人，迷信进步，拒绝矫情，以生命去换取物质，以物质来印证价值。

　　在车建新的任何时刻，他都想找到自己在公共世界里的存在和价值："人人都会照镜子，但我后来发现，生活中还有一面镜子，而且是更重要的镜子。它的镜面是什么做成的？是他人的眼光。"

　　27 年前，我问自己"我是谁"，答案是"一个好木匠"！

　　过了 5 年，我又问自己"我是谁"，答案是"一个勤劳的生意人"！

　　后来我再问自己这个问题，答案是"一个用心做事的人"！

　　从手艺人、生意人，到追求事业的人，这种不断的自我设计、自我超越，就是认知自己的方式、认知自己的过程。这样的修炼发生在几乎所有的事业中，无论出世的，或入世的，车建新在商场悟道。

　　在过去很多年里，中国企业界流行的是对"弯道超越"、"狼性营销"，以及"微笑曲线"等商业技巧的探索，这些商业思想的梳理帮助一批中国公司成了最后的胜利者，但在功成名就后，中国企业家再往何处去变得越来越多元化。对于经济与物质的成长，也许我们尚可以勉强勾勒出稍稍清晰的轮廓，可是，在更大的时空背景下，我们会产生更致命的迷失，那就是我们之所以存在的意义。就像 R·G·科林伍德在《历史的观念》中所写道的："我们可能走太远了，以至于忘记了当初出发的目的。"这句名言的另外一个问法是：我们追逐财富的人生真的是出发的起点吗？

其实这又是一个永远都找不到标准答案的问题。

提问的意义，有时不在于答案，而是问题本身。

日后，出版了这一本书的车建新，将仍然在追逐财富的道路上奔跑，他的红星美凯龙将越开越多，他的资产可能从 600 亿元继续膨胀成 1000 亿元、2000 亿元。这是他的工作，鲜衣怒马，冷暖自知。而与众不同的是，他同时还在思考那些柔软的问题，比如意义、价值、存在。他还像很多年前的那个江南少年一样，向着空气提问，对着影子自语。

这很奇妙，我们会在同一个故事里找到若干个甚至是冲突性的答案。

财经作家、"蓝狮子"出版人

一切智慧皆来自体验

　　一切的智慧皆来自体验——这是我 40 多年的人生里最为深切的感悟，也是我下决心完成这两本有关成长和生活哲学访谈的初衷。

　　现在许多人，尤其是年轻人都来向我讨教所谓成功的秘诀，可我觉得自己实在是一个平凡的人，没有什么特别之处。但人家不相信，以为我不肯讲，于是我逼自己用心去思考起这个问题。

　　我想，如果要说我今天的事业算得是一些成功的话，那完全得益于我长期对生活对工作用心地观察、分析、解剖、总结、想象、联想、模拟和互动的习惯，概括起来就是两个字：体验。

　　对工作与生活的体验，把体验积累的智慧再去体验工作、体验生活。也可以说，是体验伴随着我人生的成长和情感的阅历。

　　前不久，我出差去了一趟新疆。从乌鲁木齐到库尔勒乘飞机只要 45 分钟，坐汽车的话却要 5 个小时，但我还是坚持坐车去，想看看路上的风景。接待我们的人说，两边全是不毛之地的戈壁滩，没什么好看的，我说看戈壁滩也好啊！行进的途中，果然什么都没有，除了石头，还是石头，原来戈壁滩就是一片荒漠。但当经过天山时，我突然感觉惊喜来了——这里不是火星吗？

这一刻，眼前那些不十分陡峭的小山坡，也不那么尖的山岩，分明是火山喷发后残留的遗骸，而且还伴随着一种快被烤焦的感觉……我顿时大呼："这就是火星！"我们到了火星啦！"车速时慢时快，我顺着那个节奏又半躺下来，看着天空，看着岩石，更有穿行于火星的感觉，因为视线更集中，而把周围的公路等景物全都虚化掉了。同时我在不断地联想：其实这个地方可以说同火星是一样的，火星同地球也差不多，都在围着太阳转，只是地球多了氧气。不一样的只是温度与引力，其他肯定都一样……我还联想到了天文学家曾经的观察、描述：埋在土星环里的都是冰块，与北极一般。其对火星表面一片贫瘠、焦燥的评价，真与我当时的体验产生共鸣啊！

我对同行者叙述我的体验，他们说："车总你真会想。"我说，可以开发一条叫"火星之旅"的游线，山石林中设置那种下面铺了轨道、两人座的"探月车"，一节一节的，转来转去，时上时下，让更多的人来体验火星。

这就是体验的力量。

体验，不仅能提升人在平凡生活中的智慧，还可以获取现实生活中无法满足的许多东西。体验真是个宝贝，认识体验，当然更要善于体验。

人为何物？说是高级动物并不精确。人是智慧的动物，更是希望的动物，其所有的智慧都是体验而得。其他动物为什么没有智慧？
因为不会体验，或者说根本就缺乏体验的功能。就论最原始的本能，
同样是食，动物无一例外只会生吃，而人类把果腹充饥进化到了丰
富的美食文化；同样是性，动物只是交配，而人类可以演绎出浪漫
万种的爱情……照我看来，这个巨大差别的秘密，就是体验的功能。

十分可惜的是，现在很多人并不重视体验，甚至让这一功能都
关闭了、退化了，那怎么还会有智慧的产生呢？

我最近就有个大胆的发现与推测：人并非猿变过来的。人是人，
猿是猿。以前听说过的那叫类人猿，本质还是猿嘛。即便是，也应
该是类猿人。这是因为我研究了人的七情六欲（我现在还提升了二情
三欲，成了"九情九欲"，书中会一一详述）。尽管猿也会直立行走，
也会使用工具，但它除了本能，至少"九情九欲"不可能完整吧，
也就更不会有智慧的体验。

所以对于"九情九欲"的感知能力，正是人类特有的智慧功能，
是特别需要珍惜的，也是人的创造力的基础。

我是个"求本主义"者，也是"联系主义"者。什么是"求本
主义"？就是寻求生活的本质，分析事物的根在哪里。体验的智慧才
是人的本质。

那么，体验的本质又是什么？我觉得它是一种个体与世界上人、
事、物的联系，是活在当下的标志，是进入情境中的视觉化的思考。

当然关于体验的具体内容，书中除了专门章节的阐述，还会在
多处涉及，在这篇序言里，我只想先同大家分享一二，因为它们是
我开始这次访谈的精神基础与缘起。

首先我要讲一下，在我真正开始思考生活哲学的命题时，我经历了一次亲情追思的体验。我想起了我的父亲、母亲，甚至我的祖父、祖母，是他们把生活的接力棒交给我的，这根接力棒上写着艰辛与智慧，我捧着它创业直至今天，所以我一定要把我这些感悟献给他们，作为最好的回报。

我祖父是随其祖父流浪到我现在的老家常州市金坛，凭着他的勤劳勇敢，在那里扎根生活下来了。父亲9岁那年，祖父因伤寒症离开了人世。听我的姑姑说，祖父临终前全家人都抱在一起痛哭，觉得天都要塌了——这可能是我的家族史上最惨痛的一幕，但也是兴旺的起点——成了寡妇的祖母，靠着她的坚强，不畏欺负，不怕艰难，带领全家走出困境，并且在生活中悉心教导，让我的父亲不仅正直而且有智慧。

父亲那时没有条件读书，12岁就开始外出打工了，成年后很快成了一名技术瓦匠，后来还成为了一些项目的负责人。他对我最大的影响，就是总喜欢在工作中动脑筋，搞点创新发明。譬如说他砌的灶头，不仅拔风性能好，还会特别增加一个充分利用灶火的余热加温的热水颈管。而我母亲的巧干，可以说是我创业之路的照明灯。她每天下田干活从来没有空担，去时将猪灰带到田里做肥料，收工正好担回庄稼或土块……可惜她积劳成疾，48岁就过世了。9年前，与病魔顽强抗争了13载的父亲也撒手人寰。为此我写过一篇文章《父亲母亲：我成长、成材的根》，这不光是为了思念，更是体验，一种创业精神的体验，现在我有责任把这体验传承下去。

事业其实并不是一代人就能完成的，而这种代代传承积累延续的保证，就是对家族精神智慧亮点的深入体验。

最后，我应该说一说本书的成因与完稿。这也是一次合作互动的体验，是漫谈中形成的生活文化之旅的体验。

本书的编撰者钱莊(旭东)先生，是一位创意策划人，我的好友，也曾是我直接的下属，现在是红星集团的顾问，但我更愿意把他当成我的文化老师。20年前与他的结识，因为他的一篇文章，我燃起了对文化的浓厚兴趣，并由此把文化融进了企业的发展战略和经营管理，把文化之爱融进了我的生活和生命。

说实话，认识旭东前我读书并不多，拿到一本书也总是急着要把它翻完，而正是在与他经常性的交流切磋中，我开始了享受阅读的体验，现在一天连续看七八个小时的书也毫不厌倦。要是一天不读书，反倒觉得缺了什么似的不踏实。学习的体验，我真的感觉是在"同许多智者对话"。小时候，听到"书中自有黄金屋，书中自有颜如玉"的话，总觉得那不是真的，但如今却更体味到了其中的价值。

书读多了，感悟自然就多，再加上我自身创业实践的无数体会，于是我们日常的交往，更多成为了各自心得的交流、分享与对接。我总觉得钱莊是个另类的文人，在艺商之间有通感。尽管我俩的出身背景、人生阅历和性格脾气反差很大，但在工作、生活和文化的许多观点上，往往竟有如同一人般的共鸣。所以，有一天我提出我们共同来完成《体验的智慧》一书，以让更多朋友参与体验，他也欣然接受了。

还值得一提的是，本书的创作过程，本身就是一次非常愉悦的体验过程。我俩或是茶余饭中的闲聊，或是结伴航行在云端神侃，又或干脆在游泳池溅起的水花中，意识流一般地交换灵感……总之，这两本关于成长和生活哲学的访谈，完完全全是在生活情境的体验里完成的。

所以，对于此书，读者也千万不要正经八百地专心去看，你可以在烦躁地候机、候车时，在漫长旅途的闲暇时，躺在床上但尚无睡意时，甚至在给浴缸放水，或者泡脚的时候来看，总之在"生活着"状态下的阅读体验效果更佳。

你还可以这样：当你认为其中的若干篇章引起你的共鸣，渗入你的意识了，那就可以把这些章节撕掉，一年下来你再看看这本书还剩下多少页，也许这些正是我们要在以后修正和重新思考、体验的。特别还希望你阅读本书的体验能发给我，让我们更好地学习和互动。（体验专用邮箱 cjxtiyan@chinaredstar.com）

被称为"复旦的尼采"的张汝伦教授说过："在哲学深处，体会到的是一种个人成长、走向成熟的感觉。"

成长的过程，就是生活在每一天的体验过程，体验中人才会产生最高的境界——智慧生命。生活是美好的，而生活的哲学只有靠体验才能感受得到。体验才能进入情境，情境之中才能进入情感状态，才是活在当下。

愿所有的读者朋友，尤其是青年朋友们，一同来分享体验的快乐和体验的智慧。

车建新

2012 年 9 月 25 日

开篇

只有体验能激活大脑吗？

钱莊(以下简称"Q")：什么是生活？生活是一门学科，更是一门艺术。未经思考和体验的生活是不值一过的，只能说是生存而已。

车建新(以下简称"C")：生存不是生活。生命是你在不在，而生活就是你好不好。

人的肉体生命是一种客观存在，只能叫生存，像动物那样。人有大脑，有思维，人就会思考、体验了。思考怎样活着，体验怎样活得更好。要靠体验去激活大脑更加发达，这才称之为生活。

什么是成长？何谓成功？成长到成功唯一的通途就是学习与体验，所有的人在体验中都是学生。成长感不是别的，它只能在成长的过程之中。

Q：我们东方的张道陵道长最早运用"学生"一词，指的就是"学习如何生活"。对生活的认知是本体论，对生活的体验是方法论，这二论是哲学的核心。

C：对成长思考什么？思考的过程就是认知的过程。体验是感知，也就是感受加认知。认知了，就会有所悟、有所得。悟到生活，或着说成长与好的生活是要有很多方法的。也可以说成长这门学科，还是有许多技术的。这些方法或技术可以学习、借鉴，也可以交流互动，更可以帮助你增强和深化"体验能力"。积累起来，就成了成长的哲学，也是生活的哲学。

我的体验是我的哲学，凡是善于体验的人都会有自己的哲学，当然还可以体验别人的体验，从而更丰富自己的体验。

我不仅每天在体验，而且可以说是每时每刻都在体验。体验的，自己有些感觉，甚至是有些灵感，我就会把关键词随手记在小纸片上。有时手头没纸，干脆就写在自己名片的背面，在路上，或晚上回家临睡前还会拿出来，对着它们再思考与体验。这很有趣，也很有用。

这里先讲个小例子：我出差去北京，前些年常住离商场不远的世纪金源大酒店，从房间到商业街门前，基本上总是那两个不同时间段但已经面熟的保安。渐渐我发现，他俩的习惯完全不同。你进门时，一个是一动不动，很严肃的样子；而另一个则非常勤快地为你开门关门，还微笑着与你问候、指路。这就引发了我的思考：他俩谁更辛苦呢？答案肯定是前者。因为前者根本不在情境之中，呆站着不动更吃力；而后者不仅可以从动中缓解疲劳，更重要的是他在交流与体验，他的大脑就不是麻木的……

通过这样的体验，人才会觉得自己是在生活中，生活得有些质量。现在我把自己的体验归纳、整理出来，同大家分享、交流、互动，这过程本身我也当成是一种体验。

我希望自己成为一个终身体验者，因为体验才是不断学习、不断成长的过程。若干年后，我争取有更多更好的体验心得，再与读者朋友交流。

Q：有人说一个人的成长，取决于心灵是否充盈饱满。而内心充盈饱满正取决于你对生活的体验程度，和对目标的清晰认知。

C：哈佛大学对一群智力、学历相似的人进行了 25 年的跟踪调查。3%有清晰且长期目标的人，大都成了顶尖成功人士；10%有清晰短期目标的人，大都成为专业人士；60%目标模糊者，能安稳工作生活，无特别成绩；27%无目标的人，经常失业，生活动荡。最后这群人，其实正是因为缺失对生活的体验与认知，他们的大脑是未被激活的。

我们这一代人，大都生于 20 世纪五六十年代，那时父母只给孩子知识，而不知道关心我们的体验。而现在，则应该称之为是一个"体验的时代"，互联网最大的价值也就是用户体验嘛，况且还有 3D、4D 的体验。所以我要大声疾呼体验之重要，尤其对于年轻人和孩子们。不懂体验、不会体验，生活的意义一定减少了，未来也必然无法生存。

通过对生活本质更好的认知，对成长之路更多的思考，并由此养成体验的习惯，让大脑时刻被激活，相信不久你就会改变很多，不仅是生活的形态，甚至你整个成长的人生。

什么叫体验？就是心（思）一定要与事、物在一起，然后产生情，大脑就如录影一样产生记忆。那体验的方法，我想有四：一是活在当下，在情境之中；二是想象＋模拟＋触摸；三是注重面对行为、面对事物时，发生的心理感受、感觉；四是思想、精神层面的触动、互动与交流。

前不久，我又去了趟法国，到了一个叫阿尔勒的艺术小镇，小镇很有品位。入住的一家酒店，也非常有感觉，我当即决定住两晚，好好地体验了一番，感觉在此生活了两个月一样。这种想象的体验，变成了倍数效应。就像做梦，其实是潜意识的想象，也是呈倍数效应的。

去新地方，学新知识，做新事情，交新朋友，发现新创意，体验新娱乐、新运动，都可以激活兴趣、快乐与智慧。

生活的过程是体验每一天，积累每一天——但必须从今天起步，体验就是从生存变为生活的开始了。会体验，其实也就是通常说的，会过日子。

你体验到了，你会开始更精神地生活着。体验激活了大脑，也就激活了快乐！

第一章

从认知开启心智之旅

每周问一回"我是谁"

Q：开始本书访谈之初，你就多次提到认知"我是谁"，它确是人生成功基础的基础。

C：认知生活的本质，首先是要认知自己。也就是要先解决"我是谁"的问题。解读了自己，再去解读世界。

人的生命只有一次。每个生命都是伟大的。既然是生命的存在了，来人世间走一遭了，起码应该活得明白。我是谁？这个世界是怎么回事？后者更是以追求智慧的方式去探索人生、体验人生了。

弄懂自己，不断地弄懂。人不可能一下子就把自身完全搞明白，所以我建议大家：每周至少问一回"我是谁"。

在早晨出门之前，就在你照镜子、梳头、化妆的时候，问一下"我是谁"，这将对你这一天的工作和生活影响深远。尤其是当你要处理某项重要的事件，或要作出某个关键决策之时，这将能使你的大脑变得异常清醒、你的分析判断精准到位。因为你清楚了自己，认识了自己的优点长处与不足，就可避免无知与轻狂，也能战胜不应有的懦弱和胆怯。

Q："我是谁"是个深刻的哲学命题。高更有幅世界名画，标题就是："我们从哪里来？我们是什么？我们到哪里去？"这些问题人都要思考，是绕不过去的。

《21世纪经济报道》在对你的专访里，称你是"动力十足、不断成长的机器"，那是你吗？

C：是的，如果哪天我感觉很累、很疲倦了，只要问一问自己"我是动力十足、不断成长的机器吗"，我就又加足马力，浑身是劲了。但"我是谁"这个问题的答案是随着时间和自身的成长而不断有新的认知及改变的。

我是谁？我在，也才有世界。

Q：每周问一回"我是谁"，实际上是一个不断设计自己、实现自己、证明自己的动态过程，其本质是观察世界、认知自我。

C：认识到自己是世界的一分子，才是进入了情境，进入了世界。

一个人，其实你不逼自己一把，你根本不知道自己有多优秀。想要优秀，你必须接受挑战；想要尽快优秀，就要尽快去寻找挑战。

古时候有个"厕中鼠"与"仓中鼠"的故事。秦国早年的李斯，当时在粮仓做会计。有天他上厕所，发现这里的老鼠又瘦又脏，它们为何如此之笨，不离开厕所去粮仓吃呢？粮仓里的老鼠都又白又胖，吃得美滋滋的。他联想到还在粮仓做小会计的自己，跟厕中鼠又有何区别呢！他触动很大。晚上躺在床上，李斯还在想着"厕中鼠"，它们好像就是满足于现状的自己一样。"不行，我这辈子一定要做仓中鼠，不能再做厕中鼠！"想了几天，他决定去投奔当时燕国一位最有名气的老师，不要待遇，只学本事。学成后他又投奔了秦国嬴政的老师吕不韦。最后他帮助秦始皇平六国，做了宰相级的"仓中鼠"。

Q：李斯通过问"我是谁"，完成了"自我认知"。春秋战国时还有张仪、苏秦等纵横之士，他们都是从不知名熬出来的，但都充满了自信，从不自卑，关键在于他们认识自己的价值。

C：去年，我见了一个多年未见的朋友，他跟我同岁。当我见到他时，不禁大吃一惊："他怎么变得如此苍老呀？"随即，我意识到他其实是我的镜子，我也一定呈现出人到中年的老态了吧。

那几天之后，正好是我的生日，我的感慨随之汇集：岁月应该叫作岁月日。岁月的流走首先是日的流走，每天在流走生命，昨天已经没有了。我们过去往往对每年每月比较重视，而对今日不那么在乎，这就是不注重岁月的分子。

美国激励大师理查德·卡尔森说："当我们忙着做'其他计划'时，我们的孩子也忙着长大，我们所爱的人正逐渐远离并死去，我们的身体不知不觉地变形，我们的梦想也偷偷溜走。换句话说，我们错过了人生。"是啊！我设想过，一天没学习，一天没思考什么有价值的东西，智慧也就流失掉了。一天没拉一下妻子的手，没抚摸一下孩子的头，没为父母做一件事，亲情就如此流失了。

即便是成功，它也有副作用，就是让人总以为昨天的做法同样适用于今天或明天。真正丰富的人生，必须从过去的积累中解脱，任何昨天的储存都有可能阻碍我们进入今天的新知。星云大师就说过："在成功中保持清醒是一种自觉力让我们不致在浮名虚利中迷失自己。人一旦迷失自己不但伤己害人，更可能丢失生命难能可贵的价值。"每周问"我是谁"也就是每周自我反省，每周总结一下哪几件事做得比较好，哪几件事做得欠妥。

Q："我是谁"，其实也就是一个个人品牌塑造的问题。

C：对，我们红星有一条重要的企业文化："员工是品牌，企业才是品牌。"为何这样说？因为商品可以重新包装，企业可以重组包装，但个人信誉一旦丧失，一切都无法挽回。一个品牌，一个企业，也应该每天问一回"我是谁"。

岁月只是个抽象的概念，一天乃生命之细胞，如果我们每天都问问"我是谁"，也就是在每天刷新自己的人生。

"我是谁？"

Q：每个人都具有无限的可能性，自己具体会成为什么样的人，依赖于自己的人生规划和奋斗。昨天我们谈到每周要问"我是谁"，那今天不妨先从你做起，就聊一聊你的"我是谁"。

C：好啊。27年前，我问自己"我是谁"，答案是"一个好木匠"！

过了5年，我又问自己"我是谁"，答案是"一个勤劳的生意人"！

后来我再问自己这个问题，答案是"一个用心做事的人"！

从手艺人、生意人，到追求事业的人，这种不断的自我设计、自我超越，就是我认知自己的方式、认知自己的过程。

三个"我是谁"，三个车建新，也就是我的三次新生。

Q：你从一个小木匠，成为中国家居业、流通业第一品牌的董事长，如今还是许多名牌院校的客座教授，能不能再说说你的人生规划和定位呢？

C：你今天的样子肯定是你昨天努力的结果，你明天的样子则是你今天所选择的结果。一个有意义的人生，一定是有明确规划的人生。我的规划就是根据自我优势定位的方向、事业发展的方向和不断学习的方向来设置的。我是先选喜欢的，然后发展成强项，创造业绩，变成成就感。但发现很多人对自己强项的认知存在误区。经常问问"我是谁"其实是对自己人生定位和规划的提醒与监督。

工作是有目的的锻炼，而没有行动的理想则是白日梦。可以说，自信＋梦想＋千方百计＋勤奋努力＝开发3倍的智慧。

三年前，我应邀去北京大学作一次演讲，十多位学生提问时称我"车老师",我很惊喜,因为从小我就崇拜老师。他们问的都关于人生的定位,很契合我那天演讲的题目:成功一定有方法。其实就是异想天开,脚踏实地。

具体到"我是谁"这个问题,我可以用 24 个字来概括:异想天开,脚踏实地,步步为营,追求完美,只有第一,今天起步。

第一,我是一个异想天开的人。我的心总像在天空中飞来飞去,对世界、对生活充满了激情、梦想与探索。

第二,我是脚踏实地的人。我的脚始终在地面上走来走去,没有悬空过,我的执行力可以证明。你有很大的抱负、很高的心气,但做具体事情大而化之绝对不行,必须小心谨慎,一丝不苟。过去我们的企业文化中有"做好千万件小事必能做大事"的理念,现在则是"做得比别人好一点"。

第三,步步为营做每件事情,一心一意地做好。而且要做得津津有味,不是埋怨着做。我们现在开每个商场,都还像是开第一个商场那样谨慎、不浮躁、稳健。只有都像建立一个营盘那样扎实,才能取得成功。

第四,就是不断追求完美,精益求精。成就感是什么?就是注重细节,每一件事都做完美,带来不断的一次次的成功。

第五,只有第一。我从创业开始,人生的词典里就没有"第二"。如果你说自己天生是老二,那实际上只能是老三、老五,甚至更差了。取上才得中,取中则要得下了。过去在学艺几个徒弟中我要做第一,单位里几位同事中要做第一,做一套家具的质量要做到第一、销量做到第一，开家居商场在每座城市要做第一。先积累许多个局部的第一，才会成就整体上的第一。所以我们的企业文化里还有一条："不断超越，只做第一。"

第六，从今天起步。我是注重当下的人，任何想做的事一定要今天就起步做，这就是行动力。

Q：这24个字构成了你的"我是谁"，其实也是你自我鞭策的戒律，可谓你的"24金针"吧。

C：我会利用上电梯的时间，对着电梯内那面镜子问："我是建新吗？我还是过去的车建新吗？"

在不同的情境里、不同的状态下，我已经习惯了用一条或两条问题向自己发问。比如说，当我在激情澎湃的一刻要决定某个项目时，就会问："我是个脚踏实地的人吗？"当自己设定了某个远期的大目标后，又马上会问自己："我今天起步了没有？"这条也是最重要的，因为昨天只是我们的积累和基础，而今天才是真正的起步。

Q：多年前，《扬子晚报》曾有文章说你的符号是"车、马、炮"？

C：是啊，我姓车，属马，性格呢比较急、直率，像大炮。后来，我做客《波士堂》做节目，袁鸣也讲到了，这是比较形象的说法而已。还有现在很多人都会问我：你在创业的过程中吃了很多苦，如今还在这么辛苦地忙碌，是不是付出太多？我总是笑笑回答："其实我并没觉得苦，因为首先我对我所做的事有兴趣，我喜欢，然后养成了习惯。"

最后，我还要问一下自己：现在的我是谁？我还要再做什么？我的未来前途怎样？回答：继续学习，一提升眼界，以犀利的眼光去看事物；二提升看人的眼光，更准确地判断人才；三提升宽容的胸怀，团结更多的人才。

"我和你"还是"你和我"

Q：听说你最有趣，也最有意思的一次讲演，讲了许许多多的关系。

C：世界上最大的关系，就是人与人的关系，其实也就是我和你，或你和我的关系。

2008 年北京奥运会的主题曲叫《我和你》，我乍听觉得不对，应该叫《你和我》。当然对于一个国家来讲，是应该突出我们的主体，应该叫"我和你"。

但在我们个人交往方面应该突出他人，多以他人为中心，以他人的利益为中心，特别是在生活或工作当中做到"心中无我才有我"！

一个成功者，一定要做到你重要而不是我重要，一定将自己放小，将别人放大，一定要做到别人地位比自己高一点。如果不养成这个习惯的话，你很难塑造自己的人格魅力，这样就变成一个只有小我的人。所以一定是"你和我"。

Q：道理就是这样。我们是时时刻刻以别人为中心，还是以自我为中心？这其实也是一个社会关系的问题。

C：是啊。假如你经常会问别人"需要我帮你做点什么吗"，假如你冷了可以问别人"你冷不冷"，你累了可以问别人"你累不累"，总在想对方有什么需求，对方就会很开心。时刻以别人为中心，会让你身边的人感到舒服、温暖。否则，如果别人觉得你是自私的人，你们交往就要打折扣，你肯定做不了很好的管理者。

我和别人一起过马路，不管他是一个普通人，还是重要人物，我都会走在靠外的一侧，也就是容易被车先撞的那一侧。这样的细节，会让人有被关照的感觉，他会从心里觉得你是在为他着想。

建立一个团队，要会培养别人。如果还是老观念，觉得建立一个团队要靠有饭给人家吃，是一个愚蠢的想法。

同时一定要让下属有能力，这样他才会从骨子里感激你。你不能将人变成奴才或是庸才。怎样能有恩于下属？就是提升他们的能力，让他能自由自主地在社会中游泳，让他们成长、成功、有成就感，这和教育孩子同理。

我认为，企业家办企业就是做员工的"四情五感"，即通过情境、情感、激情和情结培养员工的：归属感、责任感、成长感、成就感、荣誉感。当然要做好这五感，首先还要会体验员工的喜怒哀乐。我们的企业文化很明确地指出：员工是品牌，红星才是品牌。只有员工成功，红星才能成功。

企业更要懂"你和我"。

Q：我们从小建立的是与父母的关系。到社会上，我们处理的关系会更多。对一个人来讲，这个世界很简单，谁都需要别人。

C：对。在企业中，你没有别人的协助是不可能完成工作的，你们之间是一个相互衬托的关系。有一句话，叫满足他人，为了自己。还有一句话：不要过分相信自己，要更好地借助他人。这两句话都是很智慧的。

有些人盲目地拍马屁，不提高自己的能力。有些领导，喜欢找一大批拍马屁的人，最终，这会害了他自己。这些所谓的亲信，是无用的亲信，这个组织成了一个无用的组织。

在社会上，我们也要建立这样健康的关系，形成自己的长处和别人的长处能互动的关系。不要总依赖别人，要不断壮大自身，提升自己的核心竞争力。同时还要善于用自己的短处与别人的长处比，而不是用自己的长处去同别人的短处比。这样才能更好地吸收"你"的优点。

学会先思考"我和你"还是"你和我"，也就明白了机会在自己手中，别人永远和你互动，这才是真正意义上的关系。

出发点决定你的未来

Q：运动员的起跑有出发点，人生的成长与成功也是有出发点的。你多次提到"出发点"这个词，可见它何其重要！

C：先讲一个故事：说是一匹母马生下一对双胞胎小马，当然这两匹小马也很快长大可以独立生活了。于是有一天，被称为哥的马毅然走出村子，跟随一位主人去西天取经；但马弟弟却舍不得离开家园，决定留下来拉磨。十年过去了，马哥哥行走了十万八千里终于取成真经，披红戴绿衣锦还乡。马弟弟呢，非常不服气：这十年来我终日在一个屋子里转着拉磨，一步也没少走，累得憔悴不堪，你却得到那么大的荣誉……于是终日纠结在哀怨之中。可以看出了吧，出发点决定了人生的未来，选择决定了长度，正所谓看多远，走多远。

我这里说的出发点，不是指外部的环境和条件，是指一个人做事之前的心理准备、思维方式和价值取向。实际上，也就是做人的基本原则、做事的基本态度，就是每个人心智模式中的基本点，也是一个人命运的起跑线、成败的分水岭。

人和人最大的差别究竟在哪里？就是出发点。

Q：那么，成功者的出发点是由哪些元素构成的呢？认识出发点，才能进入情境、进入世界。

C：第一是自尊、自信。认为自己是有用的人，自己也是世界上重要的一分子，把自己当成主角。

有了坚定的自信，哪怕是很普通的人，也能做出惊人的事业来。不管做什么，自信是一个人最可靠的资本。前美国奥组委心理组主席、《秘密》作者丹尼斯·魏特利说："如果你相信自己，你可能会成功；如果你不相信自己，你肯定会失败。信念是让我们成功的原动力。"自信能帮助人排除各种障碍、克服种种困难，自信是成功最大的保障。看不起自己、把自己定位定低，往往是失败者的出发点。他们认为，财富、成就、荣誉等，都是老天留给一些特殊的人的，他们这一辈子不可能拥有。或者是迷信谁的命好，谁的命差；谁的运气好，谁的运气不好。正是这种自卑自贱的心理，阻碍了他们能力的发挥。

西方哲学家尼采说过："高贵的灵魂，是自己尊敬自己。"中国五千年文化，也很讲究人格平等。你不尊重自己，就是不尊重别人。一个人如果过分卑微，拿什么去尊重别人呢？

Q：一个运动员如果在起跑时就不想拿冠军，那他肯定跑不出好成绩。

C：对，第二是自信不自大、谦虚不自卑。

谦虚，意味着有自知之明。而自知之明，正是自我认知的出发点。谦虚的核心在于实事求是，在于对自己有清醒而正确的认识，能够清晰地辨别自信和自大。

自信的人，可以与环境、与他人良性互动，依据客观的反馈，不断修正和完善自己。而自大的人，总是自我感觉良好。如果有什么东西破坏这种良好的自我感觉，他们不是根据这些迹象去修正自己，而是拼命去消灭这些迹象。

第三就是敢于负责，不依赖。现在许多大学生害怕毕业，许多职业经理人缺乏主角意识，其实背后，就是害怕承担责任、依赖的心理。我们必须面对问题，对事情和自己负全责，这是通往成功的唯一途径。

依赖心理，是一个错误的出发点。在思想上，表现为不主动、不动脑筋、没有主见；在行为上，表现为推诿、懒惰、退缩，而且松懈、麻木、缺乏斗志和激情。在家依赖父母，就长不大；工作上依赖领导，成长就慢。

人生就是一个不断面对问题并解决问题的过程。问题可以开启我们的智慧，激发我们的勇气。为解决问题而努力，我们的思想和心灵就会不断成长，心智就会不断成熟。

Q：依赖的本质就是"混"，习惯依赖的人往往也习惯归因于外，常因此而一事无成。

C：第四就是实事求是。对个人而言，实事求是意味着不虚妄、不夸大，听取真话，捕捉真实的信息；对团队而言，就是要真实、简单地沟通和处理事情。如果层层虚报，叠加浮夸和隐瞒，最后的信息将严重变形，搅乱对事物的本质的认知。所以我说，不实事求是阳奉阴违就是最大的腐败。

我们越是了解事实真相，处理问题就越是得心应手；对事实了解得越少、越模糊，思维也就越模糊、越混乱。

第五，有梦想、有目标。我们生来就是为了解决问题、达到目标。没有困难去克服，没有目的可达到，我们在生活中就找不到真正的满足和快乐。梦想和目标是出发点的出发点，它的基石就是事业心。

梦想与目标还不太一样，梦想是宏观的，甚至是虚拟的；目标是短期的，是梦想的细化，时间跨度通常是1～3年；稍长一点的是愿景。愿景，就是根据自己能力和资源描绘的图景，是通过努力能实现的目标，时间跨度通常是3～10年，梦想则是10～30年。梦想是人生的战略，目标是人生的战术。有梦想没有目标是空想，有目标没有梦想，就缺乏大方向。星云大师讲："人生最美好幸福的事是心中有一盏明灯。"这盏明灯就是人生的目标！

第六就是先苦后甜。这是一个价值观的问题，不贪图暂时的安逸，重新设置人生快乐与痛苦的次序：首先，面对问题并感受痛苦；然后，解决问题并享受更大的快乐。

养成了吃苦、勤奋的习惯，在苦的时候就会看到甜的希望，才有勇气和力量坚持下去！当然成长与成功的出发点还有其他元素，诸如积极、踏实、诚信、自律、正义、坚持、乐于助人等。

Q：有出发点才会找到自己真正喜欢的工作，并产生激情。特别是才会具备先苦后甜的价值观。那不同的人生阶段，出发点会有变化吗？

C：依照我个人的成长经验，出发点不是一成不变的，它会随着人生境遇的变化而变化，随着思想境界的提升而提升。我大致把它分为三个阶段：初级出发点——自我认知；中级出发点——人生信条；高级出发点——生命格局。

先讲初级出发点。我刚走上社会时，出发点就是"要让自己当一个有用的人"，不想依赖父母，只想利用好家庭、朋友的资源，为家庭赚钱，想把事情做好，有事业心，有责任心，有正义感，先付出，想超过别人⋯⋯

中级出发点呢？当我个人有所突破、事业有所成就时，就把自己当成世界上的重要一分子，越来越有目标，为自己争荣誉，为家族争荣耀⋯⋯

再讲高级出发点，也正是我现在的出发点，这是放大的生命格局：我要打造一个卓越的企业组织，帮助更多人成功；打造一个中华民族的世界商业品牌，产业报国；我要做一名学者，用思想去影响人⋯⋯

Q：没有出发点，就丧失了基础，当然就没有未来，到头甚至不知自己为何物。

C：说到底，出发点是能量加速器，是能力孵化器。好的出发点可以自己产生能力，释放潜能。出发点，又是生命的指南针，帮助你把握正确的定位与方向，始终行进在正确的道路上。它还是人生大厦的根基，决定了你人生可以建设的高度。出发点，更是一个准确的预言，尚未出发，高下已判、胜负已定。不一样的出发点，不只是产生不一样的阶段性结果，决定的是未来不一样的命运。

认知相对论

Q：认知是同智慧紧连的，正确的认知才能培养和产生智慧，它是基础、智慧之树的土壤。

C："认知相对论"，是正确的认知方法，或者说是科学的认知模式。

我听过一个故事：有一个人到乡下去，村口的狗看见陌生人自然叫了起来，那人内心恐惧得很，便也对着狗大吼。这时一位老汉走上来责怪来人道："你吼什么，把狗吓着了！"其实那人没认知到狗可能比他还要恐惧。由此我联想，人与人之间，往往会由于过度紧张而导致过度保护。

不同的认知方式，不同的认知角度，一定会带来不同的认知结果。认知其实是一种思维能力。

战国时代有个纵横家叫鬼谷子，当时名气很大，但皇帝不太相信其才，想验证一下。于是有一天皇帝就把鬼谷子叫到殿上。坐在皇位上的皇帝对鬼谷子说："听说你的本事很大啊，我倒想看看你有什么办法能把我叫到台下来。"鬼谷子想了一下，答道："我是没办法叫你从上面走下来，但我可以让你走到上面去。"皇帝当然不信，当即从台上走下来，想再试，鬼谷子却哈哈大笑起来，因为他的目的达到了嘛。

这故事给我很大的启发。眼下，它就可以应用到城市规划上来。现在城市太拥挤了，可以让城市的商业品牌、医院、学校、文化娱乐休闲设施都在郊外建啊，形成区域性的生活工作区，人们就不需要来回堵车了。假如上海的青浦或者北京的通州没有这些资源，高科技机构、企业总部就不愿去，住在城里的高级白领也不愿去，不方便，当地人也就没有工作的机会。现在虽然有些工厂搬出去了，但其他设施没搬，这样还是解决不了问题。我们不可以叫老百姓太赶来赶去，但可以让设施建到郊区啊，所以城市建设可以按照鬼谷子的智慧来规划功能。

再如，现在很多人睡眠不好，也可以应用鬼谷子这个道理。睡觉睡不着，难受得过不下去，不能按时睡觉，但你可以按时起床。闹钟一响，不管怎样一定起床。连续几个月按时起，到时想不按时睡也不行了。管不住准时起这点，就会像澳大利亚3小时、迪拜4小时的时差，变得永远在倒时差，更难受。特别是双休日，有的人贪睡两三个小时，把正常工作日的节奏搞乱了。所以周六周日也要按时起床。中午可以休息一会儿，迷迷糊糊地静养，但千万不能大睡，否则到了周一还是倒时差。就算住院的病人，医生也不会让他们大睡半天，只能小睡几次。而且晚上一定要早睡，病房没有窗帘，早上人来人往还特别吵，所以早上一定要早起。生活有规律了，生物钟就定时了，生物神经的自律自愈能力也就强了。

Q：最近，美国的《当代生物学》网络版期刊发表了一份德国慕尼黑大学的研究报告，指出当今大多数人的生活规律，与人体自然的生物钟不协调，形成了一种"社会生活时差"。而这种时差，除了会导致肥胖、生物钟紊乱，还可能使人患癌症和糖尿病的几率提高。所以你对鬼谷子理论的应用，还非常有现实意义。

C：大家知道事物都有两面性，知道这个两面性，就具有了科学态度。但问题往往在于你道理上明明知道事物有正反两面，可到了实际生活或工作中，认知就偏差了，偏离了。这个原理实在太简单了。

从逻辑上讲，推理和判断的分析，是先从认知开始的。我再讲一个沃尔玛老总的故事吧。

有一次，沃尔玛的总裁乘车去办事，本来时间已经比较紧了，但开到半路，他忽然要司机把车掉头开回去一段，司机很纳闷。这位总裁说，他刚才在车窗里看到有家商店破产了，在撤场。他告诉司机他要去学习一下，司机更不解了。总裁说，人家破产总有他的原因，我们要善于向错误学习……这个故事可说是"认知相对论"的经典。

错与对，错的反面就是对。找到错的原因就是找到对的方法。当然我们也要学人家成功的案例。哈佛商学院的学生们五分之一的时间是在学习错误的案例，五分之四的时间学习正确的案例。别人的企业失败了，我们就要去分析。高速公路上出了车祸，我们就要去了解人家为什么撞车。

学习错误，解剖它的原因，不是幸灾乐祸，而是要想象假如发生在自己身上得引以为戒，并在应用中找到对的方法。

我们不仅可以向优秀的人学习，也可以向平庸的人学习，看看他为什么变得平庸。

Q："向平庸者学习"，我觉得这个提得特别好，毕竟优秀的人少，平庸的则大有人在，案例很多。但平庸者又各不相同，千姿百态，这就要用到你说的因果分析原理了。通过平庸的果，去找他平庸的因。

从哲学上来讲没有错与对，但认知者的方式和心态会有对错。这个对错，具体落点就在于是否应用了"认知相对论"。

C：我这个"认知相对论"的核心就是因果互动的关系解析，从因去找果，也可以从果去找因。刚才那个沃尔玛总裁就是由果找因。

事情不好的原因是什么？不要只宏观地知道它不好，而是要知道导致它错的"一二三条"。员工犯错误了，不要上来就批评，要先分析犯错误的原因。

别人的因，也是自己的果。别人的果，也是自己的因。把因的多种因素拉进来，就是系统的认知，就会有发明和创造。

西方人思考以理科思维为主，重逻辑；中国人则以情感思维为主，重感觉。中西方思维可以改进、互补，以达到认知的正确。现在很多人给我一个我比较接受、也是很高的评价，那就是："感性做人，理性做事。"

谁天生有智慧，谁天生愚钝？没有的。关键在于我们的认知，认知自己、认知别人、认知社会，以及对"认知相对论"的认知。

"驴叫踢驴"与认知偏差症

Q：有个故事说，一位书生急着赶路，赶得满头大汗。正烦躁时，路边来了一头驴，晃晃悠悠地走着，还朝书生不紧不慢地叫了几声。书生顿时大怒，竟一扫斯文，上前将驴狠狠地踢了几脚，甚而呆呆地瞪着驴还不解气……

C：本身是位风雅的书生，又急于赶路，为何会对路边的驴发起无名之火呢？难道认为驴是他的敌人？

其实他是患上了一种"认知偏差症"。以前我们听过"狗叫骂狗"的故事，也是一样的道理。认知决定了行为。如果患上"认知偏差征"，是很危险的，因为你就无法与正常的人和事物接轨。像故事里那位书生，只能与"驴"接轨了。

再给大家讲个小故事：前年我出差去法国，在海关入境时，排在前面的三位同事都顺利过关，而检查官员唯独对我的签证反复盘查，怀疑是假的。

为什么他不认为前面三位的签证是假的，而认为我的是假的呢？我后来对此进行了分析。我思来想去，大概是我的表现给他造成了错觉，比如不断看手机的行为，让他怀疑我的护照有问题。带着这个认知，他就认真得不得了，把我的护照对着灯光仔细反复看了半小时之久，心里还怀疑是假的。然后他对事不对人的作风，也延伸出其他的意念，把所有的思维都转移了。

从这件事情上可以看出，人认知的偏差会导致意念的转移、倾斜，到最后还会变成可怕的真理。那位检查员始终认为我的签证是假的，并把我请到了一个小房间里进行专门盘问，最后直到我们一起出去的三人回来，跟他讲我们是一起办的签证，反复解释相关情况，他才不甘心地把我"放出去"。

Q：问题的关键在于他的意念完全倾斜了，而导致倾斜的原因，正是一开始就形成的认知偏差。

C：对。有些人在工作的时候，只想到领导。这样意念会完全倾斜，会失去自我，这样考虑问题必然不可能客观、全面。很多人在给我汇报工作的时候，老是想着我，而不是想着顾客，不想着事的本质和自己是主角、责任人。这其实是对我、对领导的认知偏差。这种情况其实就是一个瓶颈，走向成功的一个最重大的瓶颈。

很多情况下，没有自我认知，事情来了就只会想领导怎么想。更为可怕的是，还会把自己的这种认知和意念强加于下属。

Q：正确的认知也是人的素质能力，但认知不是自动发生的，也不是随便就可以获得的。认知需要丰富的经历和体验，还需要较高的悟性。

C：关键更在于对自己的认知能力，不能出现偏差。我再讲个案例吧。

早年有个干部一直乐于玩赏自己的能力，明明停留在原地，却总陶醉于过去。三五年后，他和别人有差距了，原来不如他的人，现在比他还强。于是这人过了三五年就不玩赏自己的能力了，开始抱怨了，抱怨领导、抱怨社会。抱怨三四年，抱怨五六年，结果12年过去了，他就开始讲故事，讲他过去多么有能力，可这能炫耀多少年呢？于是一晃20年过去了，这次故事讲给他儿子听，故事一直讲，一直讲到孙子辈，日子一天天就这样过去了。

人往往会把过去认知得很清晰，而对当下的认知模糊，这也是

"认知偏差征"的一种。一旦患上，就会变成开头那位"驴叫踢驴"的"蠢驴书生"了。

智慧有多远

Q：讲成败必提智慧。一个成功者自然有其独特的智慧。许多人认为智慧很神秘，或者高深莫测，或者又以为聪明等同于智慧。真正的智慧离我们有多远呢？

C：有个故事说，一位旅行者曾遍游世界要寻找最具智慧的人。他听说这人住在某座大山的山洞里，于是他骑着马穿过群山和沙漠，几个月后来到了这个山洞前。"你就是因智慧而扬名天下者吧？"他问坐在山洞里的老人。

老人站起来走到洞外，看着这位旅行者的脸说："你有什么问题吗？"

"智慧老人，我怎样才能变得伟大？我上哪儿才能找到智慧？"

智慧老人盯着旅行者焦急的样子，回答道："你在哪儿能找到你的马？"说完他转身回到山洞中去了。

这个故事有点意思吧！旅行者的马一直跟着他，其实智慧也一直跟着他，很多人不相信自己拥有智慧，他们老是在问："智慧有多远？"其实答案就在他们的脚下。

相信自己，用好自己，就是你拥有智慧的第一步。

Q：聪明不是智慧。

C：智慧的形成有几个阶段：初级阶段是自信、通过学习增长见识；中级阶段是实践、审美、体验与感悟；到了高级阶段，就是找到事物的本质，培养成就感，产生出直觉性的智慧。什么是直觉？把千百个小细节、千百个小本质、千百个小规律、千百个事物之间联系的案例积累后，慢慢就会对那个专业有直觉了。牟宗三说过的"智性直觉"，就是此理。

我认为智慧也是一门技术，可以锻炼和培养。真正的智慧，是经过千百次的模拟演练，千百次的总结、反思，包括对细节的注重，从而找到事物的本质、规律，再把它们联系思考，而成为一个系统。

人们所说的"慧根"，就是万物求根。也可以讲，只有万物求根，才能有智慧之根。

人都有直觉，只是有的人把它积累起来了，有的人任其转瞬即逝。还有单一智慧与综合智慧——智慧是可以细分的。

单一智慧其实就是技术智慧，像原本意义上的运动员、演艺人、会开机床的工人、会种地的农民，甚至工程师等。他们都很了不起，但他们只是单一的技术智慧的高人，也就是局部智慧，是有局限的。

对于当今社会来说，单一技能的时代已经过去，即使是运动员、演艺人，他们要成为这方面的大家，同样需要综合智慧。工人、农民要在本业里出类拔萃，也需要综合的智慧，才能让自己的劳动成果超越别人。所以，像邓亚萍、姚明他们退役后，首选是去大学读书。

知识经济时代，只拥有单一技能已无法生存。如果一个技能做到黑，就把自己一世变黑了。尤其是管理，对综合智慧的要求更高。作为一个企业的管理者，我一直认为每个人至少要精通两到三项以上的技能，并且这种精通要不断升级。譬如说，你去融资，就要有金融智慧；你去公关，要有外交智慧；你要保护专利，就要有法律智慧！这些智慧积累多了，再善于梳理各种信息，学会调控各种环节，你就慢慢形成综合智慧了。

最近我还发明了一个"1·3技能"的公式：1·0是你单一技能的基础，但这不够，不能光拥有一个技能啊，所以还要加上与你专业相关的若干个0·3技能。就像我，经营管理(包括年度战略、业务规划、管理方案、企划营销、发展推销)1·0，建筑0·3、法律0·3、金融0·3、外交0·3、人力资源0·3，因为现实要求我成为一名具有综合素质能力的管理者嘛。

一种好生活的管理也是如此，小至居家空间布置的审美，大到家庭关系的处理，都需要综合技能。具备了综合技能，才会具有综合智慧。

Q：智慧其实就是一种修养，或者说人的修养必然会产生一种智慧。什么样的人生修养就会产生什么样的智慧。大智慧靠大修养，小智慧是小修养，没修养当然无智慧。

C：对，智慧的确不远，就在我们自身的修养上。人与人之间智慧的差距不是谁和谁之间有多大的差距，而是我们的认知有差距，我们的梦想愿景有差距，心胸气度有差距，品味品德有差距。我们的知识可以很多，但其实智慧很简单。我们先用单一的智慧让事情成功，再对人性、对自己、对世界的洞悉，对纷繁复杂的事物，对千头万绪的选择，从容取舍——这就是智慧的注释。

学会体验才能拥有当下

Q：为什么我们可以坐在清凉的沙发上，喝着可口的饮料，对着纯平的电视机屏幕看世界杯足球赛，却还总热切向往去南非的比赛现场？为什么我们完全可以在电脑上安心地浏览世博会所有场馆的精妙，每天却还有几十万的观众，要在炎炎烈日下拥挤在世博园区呢？应该不仅是为了视觉的满足吧？

C：其实就两个字：体验。世博会无论是文化艺术，还是科技，都是体验式的情境展现。体验是一种不在情境之中你无法企及的感受，它需要氛围的催化，是一种全身心的感知。学会了体验才能拥有当下。

就像我们去旅游，你到了某个景点，但只是漠然地看看景观，这有什么意思呢？这会给你留下什么呢？我们到大自然中，就要去倾听它的呼吸，或者看看蜜蜂采蜜；去拥抱一棵大树，或者靠在树边眯一会；当我们来到河边，就要用手去溅起它的水花，用水抹一下脸；我们来到山林旷野，可以躺下来触摸山上的石头，甚至高声呼喊与之互动……让大自然抚摸我们的身心，这才是体验。

这样的话，可以说是你的心在哪里，情境就在哪里，风景就在哪里。这就成了视觉的、嗅觉的、味觉的、触觉的和感觉的整体体验。

王石喜欢登山，其实他是要借助山这个载体，来进行自身勇敢与生命意志力的体验。我现在有空去练习瑜伽，办公室里还置了张专用的椅子练习打坐，就是为了一种心灵宁静与净化的体验。

Q：生活中亦如此，譬如结婚的时候，女方就要借助婚纱来体验做新娘那种甜蜜而羞涩的感觉等。

C：对，体验是要有行为的。体验爱情，你在爱人烧饭时从后面轻搂住她的腰，你在后面唱歌，她在前面炒菜。她拖地时，你抱住她的肩。体验亲情，你就要帮父母做饭、买衣、梳梳头，带父母去桑拿一下，搓背敲背。如果你去给父母买衣服，一边买，就一边体验孝的感觉；买回家，还一定要帮父母穿到身上，让他们通过穿衣服的过程来体验子女的孝，而不是光给钱。

你要让小孩子体验长大的感觉，比如有什么东西要买，最好争取让他自己去买，这样他就会体验到买卖的情趣。我们都会给孩子压岁钱，让他有自己的钱了，可以去买东西体验一下这个消费的过程，将来才会了解消费者，了解消费者对于产品的认知度、感受度。特别要让孩子体验做家庭责任人的感觉，譬如布置居家空间、搭配衣服、选择旅游地、选择商场购物等都让他（她）参与甚至作主，加上平时多让其猜事物、推理事物，都可以增加孩子的财商。

体验还是需要学习的。记得 6 年前，我常到上海南京路的理发店去理发，过去我坐在那里好长时间，总会有些不耐烦，但那天剃头的苏伯乐师傅跟我说："理发是一种享受，你要好好享受它的过程。"真的我就忽然感到，理发的过程其实是很舒服很享受的。开始以享受的心态体验，这就是学会了体验。

之后，凡是刷牙、洗脸、开车等，好多似乎繁杂琐碎的事情，我都会边哼哼歌边做，开心地体验着属于我独有的当下享受。现在好多人，有了房子要装修，都觉得烦、累、苦，把它当成了枯燥任务而烦恼不堪。其实装修房子就像女性化妆、梳头一样啊，夫妻共同为营造新巢而付出，可体验到非同寻常的快乐；又像十月怀胎，没有艰难的过程就不会有亲情体验的深度。可以说，装修布置品味居家是情感提升的载体。

当然，生活中你不可能所有的事情都亲临其境，但我们都可以学会体验的方法，用情境的想象去模拟那个氛围，去感知当下。我一直认为，导演是最懂生活的，因为他跟演员说戏，就是给演员模拟生活，体验观众。

体验不是目的，体验和感知都是工具。当你掌握了这个工具，你肯定就会拥有与众不同的超越。

这个工具的两个端口是推理与遐想。推理是有一定的依据和经验的，对需要体验对象的发展变化过程进行形象的分析；遐想便是根据点点影子展开联想与想象，甚至是天马行空式的浮想联翩。这就是经验＋想象＝创造情境。

Q：比如读书，其实也是最好的体验。书本会创造一种情境，会读书的人，就善于在这个情境之中，去体验作者的情绪、情思、情景。

C：体验的形态很多：观察—分析—假设—联想—感知与体验，如此你就可以作出初步的判断了；再循环往复一次，又会有新的感知和体验。这叫多重体验。还有预测性体验，对未知的事物可以作几种结果的假设，那会让你避免许多不必要的失误。

更有效的则是实景体验。把你观察到的情景在自己的大脑里模拟再现，把它变成三维的立体空间，这样你的感受就会很真切，很到位。然后，经过比较、思考，我们会找到更好的方法、更好的答案。

当然，还有挫折的体验。有时候一点小小的不顺利，反而会让你体验到大的收获。好几年前，我在北京机场就有过一次航班延误的体验。原本晚上 8 点飞南京，结果晚点到深夜 12 点。一会说要起飞，一会说飞不了，折腾到最后只好在机场的宾馆住宿。凌晨 3 点又把我们叫醒，说可以去机场了，但还是到早上八点半才正式起飞。我一夜没睡好，上了飞机当然没精打采——但就此，我碰到了邻座一位和我同样没精打采的女士，本来我和她不会多说什么的，但彼此在误点之无奈的交流中好像很谈得来，竟变成了一对同患难的朋友，特别是在交谈中我意外发现了新机遇、新价值——对方后来成为我项目的介绍人，而这个项目获得 10 个亿的回报。现在，我甚至希望多享受"误点"的体验了，我可以全心地读书。这种状态下，往往会获得意想不到的价值体验，我把它称为"误机的隐价值"。

Q：其实，我们每天都在体验之中，但这不等于我们每个人都有体验的习惯。

C：成功者必定是从体验者起步的。

过去有句话，叫作"在游泳中学会游泳"，其实也是告诉我们，在感知中学会感知、在体验中学会体验的道理。当然，我们更要学会体验困难。真正体验了困难，也就等于在体验希望，因而才能战胜困难。

学会体验的关键是体验自己要什么：了解自我，了解他人；感悟自我，体验他人。

更重要的是体验他人的体验

C：昨天谈学会体验，其实特别要学会的是：体验他人的体验。做企业，做管理，做营销，对人的认知与研究很关键。当然在生活中也如此。你想拥有一种好的生活，必须关注你周边的人。第一步体验他人，把别人的事当作自己的事来体验，第二步体验他人的体验。

Q：人与人是不一样的，这种差别，就构成了一种认知的空间。所以你常常在重要的会议上，要强调感知他人与感知自己的关系。记得你有句经典的话："感知别人的感知，体验别人的体验。"

C：是啊！讲个我儿子还在读初中时的故事。

有天晚上，我带平平在小区内跑步。当时他性格还比较内向，而我性格比较外向，我希望他也养成外向的性格。于是我一边跑一边高喊"一二三四一二三四！"，我说："儿子你也跟着我喊。"

平平却对我说："爸爸，现在是晚上快十点钟了，如果你睡在床上听到有人这么喊，你是什么感受啊？"

我当时就愣了一下，我说："你这个体会非常好，你能够感知别人。"

感知别人，不仅是一种意识，更是一种能力。尽管他还小，但已经具备了这方面能力，那他将来加上专业知识，就肯定会成功。

　　我们做商业零售，要特别善于感知消费者的喜怒哀乐。特别是他们的需求烦恼和他们的抱怨。如果我们不能感知这些烦恼和抱怨，其他的做了等于白做。

　　我请从宜家退休下来的副总裁高让先生做了顾问。他年轻时在美国做宜家店长的时候，星期天就在宜家的停车场帮人家搬家具，还指挥停车。在这个过程中他就问人家：你为什么会到宜家来买家具？你对宜家有什么看法吗？他真正在体验、感受的时候，人家才乐于告诉他真实的想法。你要是在路上拦着人家，问："你为什么来红星美凯龙买家具装修材料？""你对红星美凯龙有什么看法吗？"人家会不会说真话？没有直接感受和体验的所有采访信息都是不真实的。

　　我们首先要体验的，就是顾客的商业诉求，譬如说他的信任度、产品的品质、多种款式对他的吸引力，购物过程的便捷程度、产品的价格，以及他在这个商业空间情景里整体的或者局部的感受……这些，我们的管理者、经营者都要很好地去体验，才能把我们的事业做成。

　　Q：正如一个政治家，如果不了解百姓和企业、下级的喜怒哀乐，就不是一个好的政治家；一个演员如果不了解、不体验观众的感受，就不是一个优秀的演员一样。

　　C：这要形成一个习惯，形成这样一个思维逻辑。领导者更要善于感知别人，这样才能体会别人，才能抓住别人的心。

　　我有时候会故意去乘地铁或打的，因为我想了解消费者的状态。真正体验对方的感受，这就叫设身处地。通过观察分析体验他人的喜怒哀乐，甚至模拟他人，并善用语言和肢体语言，让对方也体验到我们的喜怒哀乐、酸甜苦辣，这样会让双方很快了解和理解彼此的情感和情绪。

　　Q：我发现你特别能感知和体验对方。在外交上，不少人认为你是因为聪明、反应快，成功率才如此高。其实你有一个法宝，就是对对方的感知与体验。

　　C：可以这样说吧。我们搞外务，目的是合作成功，要合作双赢，当然首先得沟通。那么沟通的基础是什么呢？就是体验他人的感受。

　　譬如说，一个远道而来的客户，已经坐了很长时间的飞机了，他的感受是什么？是疲倦。如果你马上就把他接到公司会议室里，然后急急吼吼同他讲方案、谈条件，你说，可能达到效果吗？不可能。你忽略了对方的感受。

　　当然这是最浅层的体验。可能你自己是工作狂，但你不能把他也当成工作狂。当然他可能也是工作狂，你若为了让他解乏，给他安排大量的休闲项目，他可能也会不高兴。怎么判断？你通过你的观察，去感知他的感受，去体验他的体验啊！

体验别人的阅历，可以增加和提升自己的智慧。从别人的经历来实践自己的经历，等于这个经历的倍数。体验他人的感受，就会多一份对人性的了解与洞悉。甚至，去体验你的竞争对手。在体验中先过招，不就知己知彼，百战不殆了吗？

"当下"是"今天"的一万倍

Q：你很强调"当下"这个词，提出了"当下体验，当下解决，发挥当下，吸收当下"的"当下说"，把"今天"和"当下"讲得非常透彻。很多人在这个问题上还是有误区的。

C：一天有 24 个小时，每小时有 60 分钟，每分钟有 60 秒，我们要抓住的是每一个 86400 秒之一的当下。许多人认为今天就是当下，当然有今天的成分，但我说当下就是现在这一秒钟，是此刻。相比较之下，今天则太漫长了，因此当下的效应应该是今天的 1 万倍，而对于明天呢？它就是 8 万倍，对于后天更是 20 万倍！

我们早年的企业文化中有一条"行动从第一秒钟开始"，就是在强调抓住当下。

当然今天是当下的平台，所谓"抓住今天的成功"，是我活了 46 年的心得，也就是抓住当下的力量。

Q：有的人往往想的是，我过去怎么样怎么样，将来我要怎么样怎么样，却从来没有珍惜当下的分分秒秒，做好当下的事。

C：任何大小事情要一步步走，今天成功了，明天才会慢慢地成功。个人发展上，放弃今天的成功，也就是放弃明天的成功。放弃了当下的每一秒，也就是放弃了现在。星云大师曾说："懂得利用时间的人，便是懂得生命的智者。"

今天的成功带来什么？带来别人的认可，这还是小的方面，更重要的是自己的成就感。自己的成就感是大脑的营养。有些人不重视今天的成功，总是想，明天再开始努力、再开始奋斗。

多年前有个丹阳的女孩子想成为画家，有次她跟我说："车总，我准备 10 月 1 日开始奋发图强了。"我对她说："你肯定不会的。因为十一刚好是黄金周，那么你肯定想休息，不想干活，想等假期过完再说，那就 10 月 8 号了。而 10 月 8 号不是个整数，你肯定想我元旦开始，一定要发奋了。但是元旦又休 3 天，于是就 1 月 4 号了。这个日子又不太好。于是肯定就想那就到春节正月初一再开始。正月又是假期。那么就推到春节过完，正月十六。这个日子也不太好，于是又往后拖延，就永远也不会发奋了。"

人总是给自己很多借口。我问她："今天几号？"她说 5 号。我说："那你写下来，就从 9 月 5 号上午开始，今天的现在就开始发奋。你晚一个月干吗？应该从此刻，几点几分开始！"

Q：这个例子太典型了，生活中很多人很多时候都是这样的，问题出在哪里呢？一个是意识，一个是习惯，当然关键在于意识。

C：就是女孩子要减肥，也一定要从今天开始，从当下开始。很多人都会说明天开始吧，但明天又会有新的念头。说了做不到会很痛苦的，也会对自己的心灵失去信誉。

其实这个当下时刻我们自己完全可以把控。

你想，你结识了一个女孩子，想同她谈恋爱，估计就不会跟这个女孩子说我们晚几天再开始谈。你肯定恨不得马上就谈吧？自然就不肯不抓住当下了。

但在单位里，即使工作得不顺也总是被动地对待，他会想这个领导都对我这样了，不认可我；或者认为这个问题的发生非我的专业，再或者是运气不好，我干吗还要好好发奋？等换了一个领导再说吧。也不去沟通，更不去争取，或者争取了一次，就不再争取第二次、第三次了，就这样拖延，找借口，归因于外界。自己总给自己找理由，永远有借口。

今天会有今天的困难，但是今天的困难要今天解决掉，这一刻的事情一定在此刻解决。我的习惯是明天的事情今天想好，能做掉今天就做掉，不能做的今天想好明天怎么做。

人如果活在过去和未来的压力中，不在当下，就没有快乐可言。有本书叫《专注的快乐》，书中讲了一个十分专注当下工作的电焊工乔，他不仅每天白天在工作中非常投入，总像园丁呵护花木那样维护他的机器，到了晚上，在梦中他都能开心地梦见白天机器零件的结构，从而每天内心会产生一种非常愉悦的"心流"。当下给了他巨大的快乐。

Q：活在当下，才能获得真正的幸福。生存即拥有，活在当下，就拥有当下这个世界。埋怨和应付是人最大的损失。

C：像有的人，睡醒了赖在床上不起来；身体亚健康却不肯锻炼；小病拖着不看医生；在做工作但并不投入；明明能力够不上还死要面子硬撑，连自己"吃饭"的技能都不肯花时间去补、学、练……其实都是在放弃当下而享受痛苦，或者说是在享受他自认为快乐的"伪快乐"。

人如果老是在回想过去和幻想未来，那就没有当下的生命，就是在实现负生命。

请把当下意识作为一种习惯

C："请把对当下时刻的意识作为一种习惯。"

当然这句话不是我说的，是那本超级畅销书《当下的力量》的作者，一个叫埃克哈特·托利的德国人说的，我觉得这句话讲得非常好。

人缺乏或丧失了当下意识，是懒惰的习惯在作怪。人懒惰的后果是什么，就是大脑懒惰了。人手懒惰了还不要紧，但是大脑懒惰了就很麻烦。人其实本性中是有懒惰的，这在某种程度上说也是好事情，人要想懒惰就要逼迫自己去动脑筋、想办法，就要去创造，可以说通过大脑的勤快去满足手足的懒惰，工业革命就是这样被推动的。

有一次休假，我与几个同伴打了半天牌，我发现，有个人打牌精力不集中，结果当然是输牌了。于是他得到的是，自己的挫折感和合作者的埋怨。这给我一个启发：就是他根本不在当下，当下就是全身心的投入。连打牌的娱乐都不能投入，那工作一定更不会投入。有赢的愿望还不够，关键是要培养赢的行为，要把赢的意愿化到赢的行动中。身心投入才是一种必须的习惯。

Q：不能进入当下的情境，也可以说是当下能力不强的表现。而放弃当下，就放弃了成就感。

C：养成"当下习惯"的原动力是勤劳。我们家原先是农村的，一家都是种地的农民。对于农家来说，"一年之计在于春，一日之计在于晨"此类的话，就是"抓住当下"的意思。

特别是我母亲，她可以说是"勤劳当下"的楷模。那时母亲一个人要种 7 亩地，每天天刚亮就下田干活了，而且去时挑满肥料，回来时担里又装着用于垫猪圈的土块或农作物，从没空担。正因为过于劳碌她过早去世了，但她身上那种"当下的力量"，教给了我们第二代、第三代人来秉承、延续。

田里的庄稼是一天一个样，今天不收，可能明天下雨就会被冲坏，没办法不抓住当下呀！现在我把它运用到科学管理上，运用到生活哲学上，仍是真理。

很多想办的事当下不办，大脑就会积淤，还会不断跳出来错乱思维。

Q：开始提到的《当下的力量》，它被誉为最具影响力的心灵之书。书中有这样一个情节：在一个浓雾弥漫的夜晚，你一个人独自走在路上，你有一个光亮很强的手电筒，在浓雾中开辟了一个狭窄而明亮的空间。浓雾就是你的生活情景，它包含着过去和未来；手电就是你的意识所在；明亮的空间就是你的当下时刻。

C：所以我们每个人都要紧握住当下的手电筒啊！

一天天就这样过去了，我觉得我们每晚都应该想一想：今天到底做了什么？对自己的成长有什么帮助吗？每天都想才会进步。每天都要反思，反思过后要每天进行改进。正如荀子之言："君子博学而日参省乎己，则知明而行无过矣。"这要作为一种习惯。

要是一个人每天下班都在想，我今天又少做了事情，多舒服，一天就混过去了，这就很危险，他很快就会完蛋了。你想一想，丢失了当下的手电筒，还会拥有明天的光明吗？

爱迪生的发明很难吗

Q：生活也好，工作也好，总涉及一个能力的问题，那能力的本质到底是什么？

C：我首先想问：爱迪生或者爱因斯坦特别聪明吗？他们的能力天生就特别强吗？就发明而言，莱特兄弟于飞机，伊斯曼于电影，贝尔于电话……爱迪生发明灯泡，很难吗？

也许很难，也许并不难，难和不难就在于一种能力。看到一个东西产生联想，没有把事情看复杂，抓住主要元素去试验，就是发明。其实发明不应叫发明，应该叫新元素的发现和元素的重新组合、对接。

我喜欢讲因果。新元素就是新的"因"，也就是本质——发明的能力，即找到新事物分子与分子之间的联系点，是发现、探索、联系、组合的过程，产生更有价值的新物质。

当然因里面，还有基因、微因和纳因，我认为纳因就是最基础的原因(本质)，我家的传家宝"挖地九尺"，就是要挖到纳因的组合。或者纳因与微因对接，或者纳因与纳因对接，力量会更大。爱迪生发明电灯泡，据说试验了两万多次，其实也就是利用两万多个因进行试验。我们可以这样假想：开始他是发现两根火、地线碰在一块儿会冒光，但怎样让那个光不停止，储存下来呢？于是他找到两块铁进行尝试，不行；后来又找到两根铜，还是不行；再找两根木条，当然更不行；后来找到两根钨条，还是不行，可能太粗了，最后才找到了细细的钨丝。所以我说，发明是简单的，只不过是想象加模拟；同时还要把挫折变成挑战，这就是能力。

还有个故事：我有个朋友把自己保险箱的密码彻底忘记了，那怎么办呢？尝试！据说最多试 9 万次就能解密保险箱，他试了 6 万多次就成功了。他靠的就是数字的各种不同的排列组合，和对试验执着的坚持。

Q：你其实是借这个故事，把所谓发明提炼到发现与尝试能力的角度上来认知与解读，而这个能力正是事物间的组合能力。

C：是啊，化学分子的不同组合，会产生不同的结果。我们把自身的能力与资源对接，本身就是一种组合，就是一种新事物，就是发明。新的事物能产生价值，产生了价值就能得到剩余价值，这是很简单的道理。

通过自己的能力和社会资源、企业资源互动，创造剩余价值。我们这个社会创造剩余价值，都是这样一个过程、历程，我也不例外。当然，我创造的剩余价值有两样，第一样是资本的剩余价值，第二样就是能力的剩余价值。就资本与能力相比较，我觉得能力的剩余价值大于资本的剩余价值，为什么呢？假如你的能力不行，你的资本就血本无归，或者是资本的效率就很低，所以说这还是一种能力的组合。

这里举一个我创业初期的案例：当时我们到南京开商场，身上带的钱不多，大概只有 100 万元。我们租南京 7425 厂的地方开商场，最终花了不到 100 万，盖成了三层楼 2 万平方米的楼，按常理，当时以这么些钱这个面积肯定是做不起来的。

记得有天我跟那个厂的厂长和书记去郊区村里吃饭，饭桌上听到他们在谈一个三方债务：厂里欠村里 1700 万，村里欠银行 2700 万，银行去追债，决定将贷款转办给厂里。6 年来厂里只付利息，不用还本金，且前三年还不用付利息。我一听，觉得这个办法太好了，回来后晚上没有睡着觉，心想这不是天上掉下来一个"林妹妹"嘛！第二夜也没睡着，到第三夜我想到一个办法：签一份四方协议，让银行把村里的债务转成贷款给我们。我们每年支付厂里 800 多万租金（原来租的营业用房），两年先抵掉 1700 万，把工厂欠村里的划清，又把村里欠银行的划清。用自己的租金扩建了南京 2 万平方米的商场。结果这笔钱还有剩余，又盖了常州的新商场。然后再把常州商场抵押给银行，借了 2000 万，然后到上海的真北路盖了商场。这次资源的巧妙整合利用，也应该说是真正意义上的红星的"第一桶金"。

Q：如果说这作为一个财务运作的案例，我相信可以放到哈佛去讲。为什么当时能想得到呢？因为有创业的决心，不局限自己，什么思想都可以爆发出来。

C：利用一切可以利用的机会和资源，千方百计把它组合成崭新的事物。于是创造了财富，锻炼自己的能力，变成了发明。

爱迪生的发明很难吗？发明其实就是比别人多想了一点，多尝试了一点，多争取了一次，多整合了一点，包括整合别人的优缺点。在现成物质之间碰撞产生另一种结果。

能力就是这样一个过程，它可以说是一个有用的东西，也是一个没用的东西。就像我们讲化学产品一样，一种化学元素和另一种化学元素起了反应，它就能够产生合量。但如果将化学物品本身放在那里，或者是与之反应的物品不对，产生的合量就会很小或者不会有反应。所以我们的能力一定要和资源与新事物互动产生价值，这样，它才是真正的具有发明意义的价值。

从认识冼星海到认识自己

Q：谈能力与资源互动的话题之前，我觉得首先要谈人自身对能力的认识与判断，这个问题不解决，资源互动就没法对接。

C：这样吧，我想我们可以从认识冼星海来认识自己。

我也是通过一部叫《冼星海》的电视剧，产生出很多的感慨。那位叫冼星海的音乐家，本来是在国外学习音乐的，后来到了延安。那时正处于抗日战争时期，他当时写的歌很"土"。很多音乐学家都骂他："一个有才气的音乐家写的歌土里吧唧的！"但是他的歌很有用，那首《黄河大合唱》激发了多少人的斗志，打败了成千上万的日本鬼子，非常具有震撼力。他就是能够将他的能力结合当时的社会资源、社会背景发挥出最大的效益。

Q：鲁迅先生也如此，他本是学医的，听到外国人骂我们是"东亚病夫"，就决定弃医从文，拯救人的灵魂。而且他不同于一般的文人，他把笔变成了"匕首"和"投枪"，与当时社会革命的资源组合对接了，才成为伟大的思想家。

C：毛泽东当年也是文职干部，但他认为当下枪杆子重要，就开始学习、研究军事。当时也有许多文人没有与当下的资源对接，就把自己封闭在小天地里了。

现在，也还有人很有"精神"，常常会说"我很有能力"，其实他只具备空洞的理想化的能力，根本没找到把握事物本质的切入点。无法入门，当然就无法产生价值。这样的人我见过很多。他犯了一个错误，错在哪里呢？他不明白能力到底是什么。发挥能力，或者去寻找资源并产生互动的能力，本身就是最大的能力。但这种人还在阿Q，"我浑身都是本事，有的就是本事，除了本事还是本事，除了本事就没有其他本事"。他自己陶醉在自我满足当中，不断地自我陶醉。这相当于堆积在角落的书一样，一本书即便有再多内容，内容不经使用、发挥，这本书就废掉了。你的能力没有发挥出来，就没有用。

我们的能力要和社会共进，并要能提前一步，要和现有资源对接、共融，要产生新的资源、新的价值，这才是真正的能力。

我曾给孩子讲过，要善于利用好各种资源，产生新的价值。我能给他的东西就是资源加爷爷奶奶的精神，他如果能把创业精神传承，去尝试、创新、整合，再做 50 年，必定能站在巨人肩膀上。

Q：亚里士多德说："你的天赋才能与世界需求交叉的地方，那就是你的使命所在。"把思想放在有价值的地方，这样的人才聪明，才让能力有了落点。

C：在能力的提升方面，专业度的提升是比较重要的一点。

比如说，在别人眼里，我们是卖产品的，是供方；但在我的眼里，只看到顾客是需方。我的观点和别人不一样的原因就在这里，在我眼里，顾客是需要我们的。顾客需要好产品、低价格、多选择、购买方便，再加上专业服务。这个理念跟一般人的想法完全不一样，这就要求我们不断提升自己的能力，让对方永远需要我们。

企业的上下级关系和供求关系也是一样，下属应该是需方，上司是求方。往往我的下属拍我马屁的比较多，这就错误了。为什么？企业如果没有强大的人才队伍就做不起来，自然他是需方，我是求方。你搞清楚了这种供求关系，就应该将时间花在提升自己能力上面，把事情做好，创造业绩，而不是把时间和思维花在拍马屁上面。

同样，我们不能将精力放到拍顾客马屁上面，而应该将精力放在让顾客来拍我们的马屁上面，这样就很有用。我们的产品又新又好、我们的环境好、我们的购物有保障，加上我们的美誉度和影响力，我们就可以让顾客永远离不开我们。

身为需方，必须提升自我的能力，这样的关系就很简单了。任何事物之间的关系其实都很简单，而不那么复杂、那么难。例如，睡在床上、走在路上，应该弄明白事情，而不是弄明白领导。将自己的能力提高，其实是为自己工作，而不是为了别人。这就是职业生涯包括创业所应注意的。

Q：你是创业者，而我们职业经理人怎么样用自己的能力与社会、企业资源互动，产生剩余价值，是关键所在。本质上，职业经理人一定是通过自身的能力为自己工作的。

C：对！这个理念把握好的人，在工作当中，就可能会更多地计较技能或者能力上提升的空间，即使受一点委屈也能消化掉，别人的不满、压力等都能够消化。关键是在实践中提升能力，能力是更大的价值。

我们要用简单的哲学来看事情，这能为自己工作产生很多动力，利于发挥更多的潜能。当然为自己工作最主要的一点是要产生价值，能够利用好企业和社会的资源，再简单一点就是会将自己的能力与资源对接。

人是人的外因

Q：人是人的外因，这是经常听你讲到，我也非常认同的一句话。你还有一种说法："人是人的环境。他人是你的环境。"

C：环境有自然环境和人文环境，人文环境就是你相处的人。你从出生到成长过程中所不断接触到的各色各样的人，构成了你的外因。

人生的四大要素：价值观、思维方式、情商和行为方式，其实很大程度上来自外因的作用。

我曾和彼得·圣吉请来的一对美国人力资源专家老夫妇聊天，我问他们：人成长的内因和外因是什么？他们没听懂，我问了三遍，翻译翻了三遍，她才终于听懂了。

这位专家说，人的成长只有外因没有内因。你所在的自然环境和群体环境就是你的外因，它会影响你。小时候，你的父母就是你的外因，父母亲懒洋洋地培养出来的孩子肯定没活力，父母亲勤劳正直，孩子肯定正直朴实。《时尚家居》的主编殷智贤说："一个高素质、高品位的母亲可以影响九代人。"长大后，你交往的朋友往往就成为了你的外因。

内因叫遗传，外因就是影响，外因绝对会影响你的思维性格。就像我的孩子，儿子平平现在分析问题，注重即时与深度，会盘算得比较透彻；女儿露露呢，她分析起来，则更偏重即时，自信加上果断，更多凭直觉。我觉得这两种思维好像都是受了我这个外因的影响，因为我让他们从小就与我一起思考和分析问题。

Q：思维性格是否也有血缘的因素？过去我们总讲，外因是变化的条件，内因才是变化的根据。对于个体间的差异，内因完全不起作用吗？

C：美国做过一个实验调查：有一个家族，前面的 11 代，有 1000 多人吧，居然大多数是小偷，还有杀人犯，最好的也才是工人。后来人们把他们第 12 代的 100 个孩子，分别让 100 位教授收养。结果几十年后，这些孩子都成了社会的精英，其中有一个做到国防部的副部长，教授级的有 30 多个，至少也是警察和教师。他们性格大部分也是由外因作用而形成。

由此可见外因的力量了吧！这是一种外因的正面能量。文明的环境和精细化的习惯，都可以成为外因。

你说有内因吗？没有内因。或者说如有内因的作用，它也根本无法与外因抗衡，尤其是在当今社会，个体间更大的差异是来自外因的作用力。一个人从幼儿园开始到小学、中学，接受的都是外因的影响，具体而言包括老师、同学，将来是异性、对手和朋友。价值观、积极心态、思维逻辑、成就感，包括遇到挫折后的处理，敌对与欣赏，表扬与侮辱等这些外因会对你影响极大。

Q：未来外因的影响可能更为巨大，从这个意义上讲，人的成长和成功更多要关注和研究外因。因为人刚出生时的环境差别在逐渐缩小。

C：人的一生其实是很狭小的一个圈子，成功要看谁的圈子素质高，而不是看数量多少——这个"10·30·60"定理是我有一天无意中在手机短信上看到的。

这一定理出自一个调研统计结论：对绝大多数的人，遇到困难时可以开口借钱的人，不会超过10个；紧密联系的人，不会超过30个，其中还包括上面的10个；而常联系的人，不会超过60个，其中还包括上面的30个。这一定理无疑告诉我们，这60人的外因群的素质和能力，也许将成为你成功或失败的决定因素。

哈佛大学的教学宗旨是学生的回答要比老师的好，这点学生们做得很好。因为你认识了一个比自己好的同学，同学就把你同化了，当然前提是你不依赖他。你虽然很优秀，但要是一堆同学比你差，最后你也会退步，这就是我们常说的"染缸效应"。一旦这个圈子差的比好的多，差的就会同化好的。只要你有好的朋友在身边，就会产生共同的价值。

再讲一个故事：有个很大的原始部落，那里的人都很野蛮，整天斗殴，也不穿衣服。有位英国的绅士了解到这个情况，就带了部放映机过去，他本身是个放映员，就每天为那里的人放一场宣传文明的电影。慢慢地，当地人开始穿衣服了，帽子也戴正了，言行举止文明起来……

可不久，当地一个地痞见大家都很听英国绅士的话，不服气，也设法搞来一台放映机，可他每天放的都是混乱的邪恶的内容。于是部落的人又回到了原先的样子，又变得野蛮了。但那位英国绅士还是坚持每天放文明的电影。一年过去了，两年过去了，终于，那些野蛮人又逐渐改变，开始走向文明。

这就是外因的引导力，也是人文环境的影响力。人与人的交往，本质是一种文化，外因其实就是文化感染的力量。

如何去除旷野的杂草

C：今天先出一个故事题给大家：

从前有一个哲学家，他带着他的弟子游遍了整个世界。一天他将弟子们带到一片旷野中，围坐在一块草地上说："你们都是饱读诗书、知识渊博的人，并周游了世界。今天呢，我们就上最后一课，上完你们就算毕业了。好，现在大家看到我们坐的地方杂草丛生，你们觉得如何去除地上的杂草呢？然后我们再过一年来看结果。"

有人说用火烧掉，有人说用石灰呛死，有人说把它挖掉，也有人说用石头砸烂。

我先不回答这个问题，本篇结束时再告诉大家答案。读者此时也可想一想如何去除这旷野的杂草。

Q：这是一个经典的故事，用在人生经营上，特别有意蕴。

C：托尔斯泰有过这样的名言："幸福的家庭总是相似的，不幸的家庭各有不幸。"

对于人生的成功来讲，同样如此。成功者的可贵之处基本相似，而不成功者的身上，则有各种各样不同的问题。

为什么有的人成功了，有的人屡遭失败？其实，每个人刚到这世界时都是差不多的，问题在于有人走的是一条光明大道，有的人在崎岖途中进入误区，而且往往走不出来。

我们想要获得成功，首先就必须认识误区，从而走出误区，远离误区。

人生最大的误区是什么呢？我曾经总结过十大误区，但我今天要讲的是，精力不能集中的误区，也就是不能一心一意把一件事做好。这个误区很严重，为什么你所有的误区都避免了，还不能成功，根源正在于此。而且这个问题的严重性还在于往往你自己感觉不到。

对于成功者来说，一切妨碍他为事业奋斗、拼搏的都是杂草，一切干扰他为目标冲刺的心思都是杂草。甚至，即使在局部看来是非常强的一些能力，因为背离了整体，也都成为了杂草。

现在已经有人提出了一个"注意力空置"的问题。就是说，如果我们的大脑不被正经事填满，不围绕着价值的思维，不被自我价值感和各种各样的积极动机填满，你不需要的、甚至是乱七八糟的东西就会填补进来，而真正需要你专注的意念反而会被"空置"。正如星云大师所言："一个人的心里存什么念头，他就会看到什么东西；他所看到的那个东西，最后就会变成他的现实。"

Q：其实这跟目标也有关。因为没有目标他就没有想法，就没有压力，也就无法集中注意力。

C：没有目标、精力分散，导致人生之芜杂，就是生命最大的杂草。

小孩子读书如此，长大工作也是这样。人只要没有目标，他就会有很多短期的想法，比如说偷懒一点，比如说拿一点小的好处，比如说为别人少付出点，比如说今天吃了亏就不高兴等，这些都是干扰注意力的杂草。

但是目标比较大了以后，你今天吃了亏，或者是别人损害了你的利益，你就会觉得无所谓。人的度量和宽容性就很好，人的自私的一面也会逐渐减少，人的高尚的一面就会展现出来。因为你专注在更重要、更值得追求的价值之上。

譬如，我在企业的发展中，一再强调要将自己 99% 的精力花在工作上，剩下的 1% 才去考虑各种社会关系的维护。而有些做企业的人天天在拍马屁。

其实设想一下，我天天在领导的家门口拍马屁，有用吗？一点用都没有。我还是要把所有的精力集中在研究技术、服务、好的管理和人才上，集中到我们打造中华民族世界商业品牌的事业上。当你真正成功之后，谁都会尊重你。

Q：记得你也讲过，每年要把大脑里的储存，像电脑那样清空一次，留下最重要的东西。因为现在是信息爆炸时代，抓住一个点才会有机会。

C：人不能很好把控自己精力流向的根源何在？其实还是患得患失、急功近利，这让你的心神散了，让你的五指不能握拢，不能形成一个拳头，那打出去，又怎么可能产生力量呢？

大家看出来了吗？那些不成功的根源就是人生的杂草。

好，现在回到开始讲的故事上来，看看怎么样去除旷野里的杂草。

一年以后，那批弟子们又来到原先的旷野中，惊异地发现，那成片的杂草，已经变成一片片长势喜人的庄稼，有麦子、玉米、青菜……

但那个哲学家没来。后来，弟子们才知道老师去世了。于是，他们来到老师的家里，找出老师的笔记本。

哲学家在笔记本中写道："要想去除旷野里的杂草，必须先种满庄稼。"

这是他们的最后一课，而我们应该把它当成人生的第一课。

去除旷野里杂草和去除我们人生的杂草一样，必须得先种满庄稼。要去除我们人生的杂草，只要把我们的精力集中在我们坚定的人生目标上，先种下品德，再种下善良，种下爱，种下好的价值观，种下好习惯……否则，杂草就永远会生长，永远去除不了。

Q：把旷野经营成我们的良田，好庄稼才是你的魂，道理如此朴素。而精力一旦不集中，人生的杂草就会"野火烧不尽，春风吹又生"。

机会就是集中精力

Q：洛克菲勒有个"策划运气"理论，就是让你集中精力创造机会。你说过，机会就是精力的集中，我非常认同。

C：机会是什么？机会就是精力的集中。你把精力集中在这一个点上，这个机会就会给你。

积极心理学世界级领军人物、心流体验之父米哈里尼·契克森米哈赖在他的《专注的快乐》一书中说："当完全专注于一件事时，你会浑然忘我、心无旁骛，全然忘却周遭其他事物和时间的存在，整个身心都发挥到极致，这就是'心流'状态。在身心合一、专注投入的情况下，不论做什么事都会价值百倍，而且生活本身就会成为目标所在。"事实上，兴趣的高潮就是"心流"，激情高扬的一刻就是"心流"，兴趣形成的成就感就是心流。

我们如何投入地活，活出价值来？现在好多年轻人，总抱怨社会没给机会，实质上是自己精力没有集中的缘故，特别是没有集中到主要的目标上，而被各种各样的信息影响得没有了方向。

　　我曾与我女儿对话，我说："车有露，今后社会竞争很激烈，你要多努力啊！"她当时轻松地说："我只要竞争得过平平（她弟弟）就好了。"她认为只要比弟弟强就可以接班做事了，因为我以前说过论能力不论男女。

　　我说："那平平是社会的最后一名呢？你愿意做倒数第二名吗？"我又说，"你要是竞争不过对手，那父亲将所有的财产全给你，有用吗？"

　　没有用。只有集中精力去提升自己，才能击败对手。世界已是扁平化的了，与全世界竞争才有活路，不然就一定会被淘汰。

　　Q：《第一财经周刊》曾提出：所谓优秀的企业，核心正在"专注的能力"。百度的李彦宏刚开始在互联网领域做了许多项目，后来就专心致志做"百度"，现在百度搜索成了全球最大的搜索引擎之一。

　　红星美凯龙发展这么多年里，据我所知，多元化的机会诱惑也很多，但你还是一心一意，把精力集中在家居 mall（购物中心）上，应该是"专注的成功"吧。

　　C：专注太重要了，我早年做小工时就懂得专注。当时父亲是工地上的项目负责人，我还算个匠人中的"太子党"了，但我从没利用这种优越感，反而非常专注、勤奋，所以师傅师叔都抢着要我做帮手。

古人言："世无完人，为君必缺，此乃美也。"我的理解是，一般平常人会把精力放在发现和改正自身的缺点上；而真正的智慧，要把精力集中在如何让自身优点发挥到极致。这才是创造大机会的成功之道。

我常说，做紧急重要的事更能进入情境，压力大反而会比较有灵感，因为这时所有精力都集中在一个点上了嘛。

这个社会不是一个人的竞争，是全社会的竞争，包括人才。能力不是静止的，是动态的。特别是在动态中，更要注意精力的集中不能懈怠。星云大师讲："懈怠是人生的病患，懈怠的药方就是精进。纯而不杂曰精，前而不显曰进。"精神的懈怠就是没有目标，虚度人生，就是混日子。

Q：被称为罕见商业奇才的英国特易购原 CEO（首席执行官）特里·莱希，就是一生殚精竭虑只想做好一件事，而提炼出了他的"一的哲学"。

C：对小孩子的成绩，我也总强调补强项，暂放弱项。就拿分数来讲，五门功课同样花精力去补，不如集中提升一两门成绩较优的功课。五门都平均增加 2 分，还不如让前两门增加 10 分。在单项上成了佼佼者，还可能带动其他三门功课同步增长，也会提升一两分，总分反而更高了，并且提升了他学习的兴趣与成就感。

还有一个问题我也想说说，那就是现在家长都望子成龙，但多以学习成绩为主，每门功课都要求高分，而不是为专业。其实成绩不等于出息，他们不知道走上社会专科更有用。这样的认识误区，也导致了学好学精一门专业的精力无法集中。

曾国藩少时立志做圣人，饱读诗书，但书中他人的经验常常相互矛盾，让他行动时无所适从。一天，他见一老僧正在津津有味地读书，他刚要上前问书名，谁知老僧却把书一下子撕了，并告诫他："对别人有用的书，不都是适用于你的书。"曾国藩当下觉悟：世上有太多的人和事你永远看不清，无须挂碍，你只须把你看清楚的那点道理，一遍遍地在生活中实践，便可成就伟业。

现代年轻人其实不缺乏能力，缺的是把自己身上许多能力集中提炼出来的能力，这叫能量。缺乏这种能量，就无法获得机会，当然就很难成功。

流行文化就是读懂当下人性

Q：最近发现你也用起了苹果 iPhone 手机，过去你好像总不肯轻易更换手机，即使很陈旧了还在使用，那现在更换手机是什么动因呢？

C：其实我不更换手机只是因为一种习惯，使用的习惯。现在旧的我也还在用，不过另加了两台 iPhone3GS 和 iPhone4，目的是研究和体验当下的年轻人为什么会对它如此热烈追捧。

就个人的感觉我更喜欢 iPhone3GS，因为它的角是圆的，手感更好；iPhone4 的角是方的，要厚重些。我在想如果它先面世，是否依然一样风靡呢？会的。我发现了，人的天性是喜新厌旧的，不在于什么先出来，而在于什么新出来。苹果成功在哪里？就成功在它不断地更新，推陈出新，为了符合当下流行的审美口味——苹果的成功，正在于流行文化的一种成功。

前年去了一趟韩国，考察乐天购物的商业模式，他们有一句话让我印象深刻："读懂顾客的内（心）需（求）。"那么，乐天为什么获得成功？一定是在不断地解读着当下的人性需求，从而创造出与之相符的流行商业。

Q：维珍品牌的创始人 Richard Branson（理查德·布兰森）说过："不要让客户只把你的地盘当作买卖东西或获得服务的地方，要让他们觉得'那是一个好玩的去处'。"其实这也是讲要读懂人性。联想到红星美凯龙商场里搞的未来之家、爱家森林、时光云梯等，都是与当下人性有关的创意。

C：流行文化其实也是一种创新文化，也有人称之为"简洁主义"、"实用主义"。细想这是对的。电脑、互联网把世界变小了，距离缩短了，人与世界的关系当然会更直接、更功利、更赤裸裸。

现在世界的人性主要是现实主义的，那么，谁也不能与人性作斗争。人性受时代变迁和文化的影响。过去的人要么做奴隶，要么就被杀掉，是没有自我的。现在人本主义，核心就是人。有了个人，有自我有天地，就有了世界。

有自我当然是社会进步，它突破了传统文化的束缚，使任何事情都加速了、简单了。因为它从原先的过程导向改变为结果导向，这就带来了生活的转型，以至于世界文化的转型。

《环球时报》曾有篇评论说，"流行文化或将统治一切"。文章分析说，奥巴马正是巧妙地利用了流行文化的巨大影响力，为自己的总统选举大造声势。最后他不仅在大选中胜出，甚至自己都成了美国流行文化的一位明星。由此他也必将更有力地推动流行文化的发展。反过来说，正是流行文化为奥巴马成功上台做了人们的心理铺垫。像歌王迈克尔·杰克逊、流行音乐之王鲍勃·迪伦、球王乔丹、"老虎"伍兹、盲人歌王波功利等都可以说是流行文化的代表，并不光是在美国，在全世界都受到欢迎，这就是流行文化的力量。当下，成为"韩国名片"的MV《江南style》居然引爆了全球，连联合国秘书长潘基文都与那位"鸟叔"在会议室大跳骑马舞，这不正是流行文化的力量嘛。我们今天之所以聊这个话题，因为它已经开始深刻地影响着我们的社会、经济和生活。

Q：人本主义、自我意识的强化，必然使流行文化得到更大的发展，而且还是互动的。

C：将来的一切，必然更自由独立，具有鲜明的个性。典型的就是当代人的婚姻观，变得不再像过去那样压抑，而更注重轻松、愉快、简单的过程享受。

而流行文化就像我过去常说的"迷踪拳"，它的特质是开放，无定数。iPhone 不就是好在满足了流行文化影响下人们视觉与触觉的双重愉悦吗？那位离去不久的乔布斯，为什么能重振当时已经奄奄一息的苹果？正是因为他读懂了当下人性的奥秘。

儒家文化的正负极

Q：你多次谈到透过家居看儒家文化的话题，近来又有许多新的延伸，比如你发现的"儒家文化的正负极"。

C：文化是什么？文化是看不见的手，是社会的潜规则，是人性演变轨迹的导向。尤其 2000 多年来儒家文化对我们影响之深，其已经成为"东方智慧"的内核。最近我思考这个问题，感觉儒家文化更像一只能量无比大的电瓶，一样具有它的正负两极，那就要看今天的我们如何继承、发展和扬弃了。

Q：稻盛和夫说："文化比什么都重要。"他创办的京瓷的企业文化"敬天爱人"，其内涵的源来应该也是儒家文化。

C：儒学的"仁义礼智信、忠孝节勇和"就是儒家文化的精髓。仁爱，第一个是爱人、爱家。为什么我们改革开放激荡三十多年，最初的个体户、私营企业基本上都是家族制的？这就跟爱家文化有关。西方人创业，独往独来，是不流通的。而我们创业，往往会在家族内，像哥哥带弟弟，弟弟再带小舅子，小舅子再带他的小姨子等等，或者就在朋友圈里流通，其实也是儒家文化的流通。

一个人闯荡出头了，还要帮助一帮人出道，当然首先是家人，再是亲戚，再是朋友。这种家族式的照顾，包括资金的帮助、技术的帮助、外交上的帮助等，于家是情，对朋友圈，就是一个义——仁义在此，是儒家文化的正极、正作用。

但由于爱家，讲孝道，中国人似乎不如西方人那样愿意无所羁绊地独闯世界，更多还是情愿窝在国内，只是生活所迫才无奈走出去。这可能就是所谓"父母在，不远游"的理论带来的弊端。为何《西游记》让这么多代人喜欢？就是因为它圆了中国人的远游之梦嘛。不远游，就不了解世界，思维就受到局限，就会丧失创造能力——这是儒家文化的一个负极。

原来所讲的"孝"，无非是养老、送终、听话；现在的"孝"，我觉得更多的是体验、信息互动，是精神交流与沟通。现在的文化包袱变得轻了。

Q：之所以能产生电流，是因为接通了正负两极。你刚才讲到家文化，其实我们今天既需要传承家族规则里许多优秀的东西，像正直、勤劳、俭朴等，也需要"离家远游"，去进取、学习和创新。

C：我再问一个问题，为什么我们很多宾馆厅都很大？为什么大部分家庭装修房子更注重对客厅的投入？这里面就有儒家的礼文化。

当然还有一点是"爱面子"，佛家也爱面子，因为这两个文化，我们从事的家居业就成了一个很重要的市场。

为什么现在房子建那么多，卖得那么贵，还有那么多人买？这也是文化的影响。因为我们的灵魂当中，都有孔子的思想在里面，我们是他文化的继承者。房子卖得贵，忍痛也要买，也要把家弄好。其实我们一直生活在儒家文化当中。爷爷都会将儿子、孙子的房子买好、装修好，一代代地传下去。

这又带来了什么？我们的衣服不是为自己穿的，而是穿给别人看的；化妆、首饰是满足别人视觉的；家里的客厅不是为自己弄的，是为客人参观准备的……这就是儒家文化的束缚。

Q：爱家、爱房固然很好，但这里面有缺乏信仰的因素，好像自己没有房子就没有归属感，因为过去穷怕了，所以安全感缺失。

C：儒家文化的第三点是礼。我们国家号称礼仪之邦，礼其实就是"要面子"。这是儒家文化的后遗症。从古至今为什么有那么多的行贿受贿？特别典型的是清朝的盐商。因为是礼仪之邦，送礼、送礼，不送礼就难过，没收到就失落，好像不被尊重，彼此都会认为缺少了什么。礼文化可能会异化为腐败，在现代日常生活中，表现为递烟、敬酒，这又是儒家文化的弊端。当然这个负极需要制度、法制去解决。

这个讲面子的礼，还带来一个很大的弊端，那就是浪费。我们日常生活中，婚宴、聚会、商务宴请等，浪费非常严重。往往酒席散时，桌上的酒还剩着，菜也剩着，杯中的饮料甚至还是满满的……好像不剩些就是失礼。我去过东北和北方人的地方，请吃饭很多菜一起上来，没一会菜都冷了，但主人表示客气呀。喝酒，基本也都是为别人喝的。

可事实上，这种所谓礼节造成的消费观，是对当今社会科学理性生活态度的一种极大的破坏。

东西方人的观念的确有许多不同，例如，西方人把房子盖在坟地边上，甚至家的大门面对坟地，也都不要紧，可能还觉得挺好；但东方人要是家门前有个墓，就会白天不安，晚上也睡不着觉。尽管中国人很讲孝道，但谁也不愿意把上辈的骨灰放在家里。是什么原因呢？应该是观念的问题。西方人信基督教，认为人死后就是神。而东方佛教里有许多鬼怪的传说，影响很大，让人从小就怕鬼。这不光影响我们这一代，还影响到了下一代。记得当时还在读小学的女儿给我讲了个鬼故事，把我吓一大跳：怎么现代化大都市的学校里还在传播迷信？所以我觉得这方面还是可以学习西方的，不要避讳人的死亡。

两种文化，产生的思维和行为都会不同，再举个例子：在机场接受安检，美国人会让你自己主动把腰带解掉，把鞋子脱掉，开始我觉得这样太粗暴、对人太不礼貌了。但后来我觉得其实这是对人的个体尊重的文明做法。反过来，中国的安检处都是拿个仪器直接在你身上弄来弄去，显然身体在被动地接受检查，心里也会产生不适感。

儒家文化的确有非常优秀的东西应该传承，但同时又存在着诸多缺陷，我们必须认识它的"正负两极"。我们的社会将从物质时代逐步走向崇尚精神的、艺术美感的时代，那么，儒家文化如何与时俱进？

Q：儒家文化如何与时俱进？这个问题提得非常好。现在老百姓精神层面的要求比以往更多了，应该建树起与之匹配的新的文化。因为信仰的危机来自于精神文化的断裂和缺失。

C：我们再看看历史，2000 年之前，中国在搞"克己复礼"，让社会兴盛；500 年前欧洲在干什么？在搞文艺复兴，弘扬艺术。文艺复兴带来什么？艺术、科学、发明，和由此推动的工业革命。

当然，现在的中国正处于二度青春期。改革开放，科学发展，它焕发了巨大的再生能力，那么我们的传统之道就必须融入当下意识。

《环球时报》有篇文章说："中国正在不断吸收全世界的优秀价值观，同时把自己传统的价值放进去，经过中国人的当代实践而具有新的内涵。"我非常赞同。譬如我们，在传承家文化的基础上，再结合世界审美潮流。目前红星美凯龙的企业抱负就定为：以提升中国人的居家品位为己任。

Q：这个"品位"，不再是"面子"，而是对"内涵"的追求。我想，这一宏大抱负，应该是基于对千年儒学家文化正极的强化，和对负极的消解吧。

第二章

思维模式决定一生的质量

"榫" 是结构的标版

Q：你曾多次谈到结构的问题，能展开说一下吗？人生的学问真的有太多要体会。

C：知道榫是什么吗？

中国明代的家具为什么如此受到推崇？这里面有一个关键，那就是榫。其实它既是结构的技术，更是构成的学问。找到了这个榫，弄懂了榫，就是找到了事物的本质。

记得早年我做木匠时，装这个榫还是我的强项呢。所以今天我要借榫来谈谈事物的结构与构成，它不光对工作，对生活、对人生都是很有启发作用的。

如何去找事物的本质？找到事物的构成，也可说事物的结构，就找到了事物的本质。

构成一件事的因是什么？一把椅子的材料是什么，结构怎样？往往我们的思维定式是养成一个模糊的习惯，生怕大脑记不住。其实我们的大脑是记得住的，但是你要有结构性的思维，你才能长久地记住。

Q：我们的汉语那么难，但用声母、韵母都能拼出来。找到规律也就找到了学习的路径。

C：英语好像很麻烦，其实不过就是 ABCD 拼起来，最主要的是掌握它的规律。

我们要养成一个找规律的习惯，找自己的规律，找别人的规律。找到规律也就找到了本质。如果在很多的工作当中不去了解事物的结构，或者事物的因，这样一种习惯一旦形成，以后就不容易记住事情了。

各种各样的家具，了解了它们是什么材料做的，就容易记住。国家也一样，为什么要有国旗，要有国徽？企业也是的，企业它一定要有一个图案，一个商标，然后再有一个名字，这样就容易被记住，人家就会过目不忘。

为什么要多一个图案呢？名字和图案两样东西不是更难记吗？错了，两样东西组合在一块，它就变成结构了。

我们姑且不论爱因斯坦的智商有多么高，他绝对拥有结构性的思维，无论什么东西可能都会去分析构成的原因，解剖物质到分子。

Q：你常给新员工说，喜欢这个工作，要通过对这个东西结构的了解来实现。当然现在不可能大家都亲自做家具、做陶瓷，但是要去参与这个过程，要了解它的结构。

C：对啊，不信有时间你可以把你的女朋友分析一下，你会发现你喜欢她的就是那么三五个点，不会有很多。当然，这个点是蕴藏在结构里的，是非常具体的东西，或者是她的行为很儒雅，你有好感；或者是她尊敬老人，让你觉得她很孝顺，诸如此类。所以我们说爱人不必完美也是这样的，本来喜欢一个人就是从喜欢他的一两个点开始的。这才是真正的喜欢。

如果你进入一个行业你不能喜欢它的结构，你就不会深入地了解和喜欢它，那你就不能进入状态，你就会浮在表面。你了解它的结构，你在这个行业成了专家，你会有成就感。所以说我们要有结构性的认识，要了解家具啊、陶瓷啊等里边的结构和各部分的含量。比方说胶水，胶水里边有什么成分？比如说涂料，涂料有什么作用？它可以防腐、防污、防水。这样你就会喜欢上它。

了解工作中的结构，多了解一些背景，才会喜欢得更深入。甚至要用三维想象、立体空间的模拟，去分析、假想、推理与解剖。

生活中其实更要懂得结构与构成，掌握了这个结构的人能超越多少？最起码会超越 99%。

五个剖面就能看到真相

Q：过去你在谈到思维方式时，就提出过七大要点：结果导向制；案例（正反）导向制；求本主义；因果导向制；寻找事物规律、联系（即时联系，即时分析）；总结；多问为什么。谈到事物的结构，其最关键的应该是"因果导向"。

C：爱因斯坦4岁时就注意到罗盘的指针，他认为每件事情背后必有"深深埋藏其中的某种原因"。有果肯定有因，但关键在于一个果会有五个因，甚至七个因。你要看到事物的真相，就必须至少打开它的五个剖面。

了解事情的构成就是了解剖面，但了解一个剖面，对事情可能是模糊的了解；了解三个剖面，就可能分析出事情的结构；了解了五个剖面就能了解到事情的本质。

我曾说，网络时代的务实就在于分析事物，解剖细节，多问为什么。因为高速度、信息量大，尤其不能粗看，更要学会从多角度、多剖面观察事和物。分析事物的利与弊、优与缺、因与果，并从果中分析因，从因中联系果，再问为什么，并思考和其他事物有什么联系和关联。人家说是"掘地三尺"，我这循环往复可谓"掘地九尺"，在因中还要找子因。变成一个立体的思维，把剖面挖掘出来。

Q：你的"求本主义"，应该就是小时候读《十万个为什么》形成的情结吧？养成"求本"的习惯，就能弄懂很多事情。因为大多数的事情都是相通的。

C：第一要从果当中找因。因有一二三四五，找出重要的剖面。譬如破案，我曾和公安局长探讨过，为什么杀人案容易破，偷窃案反倒难破？原因在犯罪动机上。

那就要运用逻辑思维，分析＋推理＋想象，将碎片串成线索。

第二要在因的推理中找到果。有了因的辅助，这个果更容易记住。我们在工作中善于去找因，就是善于去观察，解剖分析。像我们经营家居商场，第一个因就是我们的产品有什么？品种丰富，物美。第二个因是什么？有顾客，但不同顾客的心理需求、消费能力不同。他是白领、金领，还是蓝领？顾客满意度的因是什么？便捷、放心。顾客的因下面还能解剖，深挖产品的因，有什么风格的产品？时尚的、简约的等。再挖下去，家具是什么材料构成的？胡桃木、柚木，还是水曲柳？什么工艺？比如陶瓷制家具你要知道是多少度高温烧成的。从果中找因，再从因中找因，一直找下去就能对工作结构了如指掌。一方面我们了解了整个工作，另一方面容易记住，越挖越记得住。

最重要的是第三点，在因果互动的思维中，你会产生喜欢的心情。前面也讲到，就像你谈恋爱，你喜欢一个女孩，她喜欢吃什么、穿什么，了解越多你就越喜欢她。对我们的家具，要了解它们是豪华型、简约型、品位型，还是古典型；是热销产品还是滞销产品。还有顾客，顾客的抱怨、烦恼、喜怒哀乐，你了解了就非常容易做成事情。

Q：为什么会有创新和发明？主要就是把因挖出来，弄清楚了。

C：研究事物因果关系中的结构时，偏差一个因，就会产生不同的果。因和果结合起来，就是结构性的思维。

人生就是三件事，一找到事物的本质，二找到事物的规律，三寻找事物之间的联系，事物之间的联系就是创新发明。

你需要什么？喜欢什么？自己的长处是什么？你处的地方有什么资源？未来要做什么？你的五个剖面在哪里？如果这些因都不能解决，那你怎么能看到你人生的真相呢？其实，一个人的成长并不需要那么长久，关键看你是否懂得分析。人生不能有太多的挫折，如果遇到失败时分析出了一个因，那挫折的打击会小得多，关键是一定要找到正确的方法。

我现在教育孩子就是采用结果导向制，让他预见到结果，再用这个果来正视现实的因。譬如说：你看到了网游会让人沉沦、不可自拔，那还会去玩吗？看到了吸毒的严重恶果，还敢去碰吗？

为什么美国人厉害？他们其实也并不特别聪明，那他们厉害在哪里呢？就是"求本意识"。为什么他们的电影就有人看？因为他们解剖了观众的因，才产生出大片的果：物质文明达到一定高度的时候，人就会空虚，于是他们就编出个《2012》，把人们都搞得神魂颠倒。美国人分析了人的本质，再按此开发相应的产品。其中的道理很简单。

其实我们还要深入探究，直到基因、微因、纳因……层层分析，找到最后的根源。假如你想要有所创新发明，你就一定要寻根溯源，这样才能时时刻刻找出对事情最正确的判断，才能创造出更完美的果。

思维地图

Q：人与人的不同，关键是思维方式的不同。正如"世界上没有两片相同的树叶"，其实不同之处不仅在于叶片的外形，而且在于它里面茎脉的分布。我一直以为，你最大的与众不同之处应该归结于你的思维模式。

C：思维模式确实至关重要。我没有太多研究自己，但经常有朋友认为我想法奇特。

我还是先讲两个小故事吧。一个叫"一杯水的智慧"，还有一个是"大象与小木桩"，都是我从书中看来的。

"一杯水的智慧"是讲有一个人向一位著名的禅师请教何谓禅，自己却喋喋不休地说个没完。禅师就拿来一只杯子，让来者把水斟满。水斟满后禅师仍不言语，只是要来者不断地将茶水往杯里倒。来人不由大呼："师父，杯子已经满啦！"禅师微微一笑说："你不把杯中之水倒掉，我如何往里注水呢？"来者方才豁然大悟。

这说明什么呢？杯中已装满的水，就是我们根深蒂固的思维定式。

Q：人的思想犹如那只杯子，要从思维定式里走出来，只有清空、归零，才能有更多的智慧之水注入。

C：爱因斯坦说过："对于面临的重要问题，我们若停留在产生问题时的思想高度，那问题是无法解决的。"打开思维定式，就是打开自己。再讲"大象与小木桩"的故事。

我们看马戏演出时，有没有发现这样一个现象：大象能用鼻子轻而易举地将一吨重的物体抬起来，却无法拔起拴住它脚的一个小木桩。其实大象是完全可以不费吹灰之力就逃走的。为什么它不逃呢？因为它在还是很小的幼象的时候就被拴惯了，也许它当时努力过，但失败了，于是成年后仍认为自己拔不起那个小木桩，就再也不去尝试。

实际上，拴住大象的，是它固有的意念。

Q：生活中，我们被"小木桩"拴住的情况实在很多，它就是人们常说的"成见"。一旦有了成见，我们的思想就被拴住了、框死了。

C：这便是思维的僵化。僵化了，当然不可能再去尝试、探索，更不用说去创新、发明了。所以，放空自己，才能发挥创新的力量。在此我还要提出一个"思维升级"的问题。

所谓思维升级，也就是大脑的升级，大脑维度的升级。思维方式的改变与突破，关键在于能否形成一个四维的思维。具体来说：一维，也就是一个点，看得很少，这样的思维属于低级动物；二维，能看到一个面，属于高级动物了，但视野还是非常局限；三维，是立体的，有空间感的，一部分人能达到；关键的是四维，在观察中随时产生联想、分析、互动。形成四维的思维才能成为思维的超人。

Q：人的思维模式，不能单纯地认为是思维习惯的问题，它更是一种能力。所谓一个人能力的高低，本质上是思维级别的高下。

C：因果思维方式的核心，就是找本主义，找到事物本质、规律，再去分析、联系、总结。人做事只有一个目的，有意思和有意义，这就是本，也是做事的最高境界。找到了，你其他的思维才能持续。因果思维方式，也决定了其他思维方式的作用。

其他的思维方式还有很多，譬如：逆向思维、模拟思维、预判思维、剖析思维、尝试思维、概率思维、直觉（感觉）思维、利弊思维、找本思维、反省思维、挑战思维（雄性思维）、双赢思维、利他思维、借鉴思维、旁观者思维等，但核心还是因果思维。

美国学界"思想巨匠"史蒂芬·柯维博士，在他的《高效能人士的第8个习惯》一书中就指出："如果你想让生活发生重大的实质性变化，你必须改变自己的思维模式。思维模式这个词来自希腊文paradigms，它最初是一个科学术语，现在已变成普通用语，意思是感知、假说、理论、参考系或通过它来看世界的眼睛。它就像一块领土或一个城市的地图。如果地图不准确，不管你多么努力寻找目的地，态度多么积极主动，你仍然会迷路。如果地图准确，勤奋和态度才起作用。"

"思维地图"是如何形成的？最关键在于设定目标，建立价值观、动机导向制的思维基础。

什么是"自我设限"

Q：今天来聊聊"自我"的能量问题。一个人的能力到底有多大？古往今来，似乎谁也没能说清楚，据说爱因斯坦的大脑也只用了十分之一。

C：人的潜能不易被感觉到，实际上人的能量是非常巨大的、无限制的，正如常说的"冰山理论"：它只有十分之一露出海面，十分之九是藏在水下的。人的能量亦如此，通常只用了十分之一，十分之九需要开发才能体现出来，而这种开发不能通过硬性手段，只能"软性开发"。除了外部的激励，更多的是来自自身意识上的超越和观念上的突破。红星文化中便有"全身心投入就等于开发潜能"这一条。

古希腊的时候，佛里几亚国王在战车的轭上打了一串结，他预言谁能打开这个结，就可以征服亚洲。可许多年没有一人能成功地将绳结解开。此时，亚历山大正率军入侵小亚细亚，他来到那辆结绳的战车前，不加考虑便拔剑砍断了绳结，后来亚历山大一举占领了领土面积比希腊大 50 倍的波斯帝国。

我常说"世界上最难的事，通常是用最简单的办法解决的"，讲的就是不自我设限。上面那个故事，更形象地证明了打破常规思维，突破固有观念，从不给自己"设限"，对于成功是多么重要。

Q：据说，美国人认为 American(美国人)一词的最后四个字母可以组成 Ican(我能)。我们古人靠想象创造的许多神话传奇，如今也大多成了现实：现代通信技术和互联网便是"顺风耳"、"千里眼"；飞机、高铁等则大大超过了"飞毛腿"……

C：我们不妨倒过来思考：一个人之所以有无限的潜能却不能得以充分发挥与完全体现，必然就有什么在妨碍与限制。我认为，这一妨碍与限制关键来源于自己——"自我设限"，即自己为自己设置了某种限制。

一个人来到世界上，从童年起即会接收到来自社会的、历史的、传统的、世俗的、环境的、他人的……种种"清规戒律"的"信息"。这些信息无疑在你的大脑里留下这样那样的烙印。久而久之，这些"烙印"便成了一道无形的墙，限制着你思维的拓展，妨碍了你创新能力的提升，这就是"自我设限"。

Q："自我设限"是创造的大敌，它像一个"瓶颈"，难以突破；它像一片沼泽，让你陷在其中无法前进。如此下去，不仅你永远不能前进，就是原有的能力也将萎缩退化，是一种十分可怕的结果。那么，我们该如何突破"自我设限"呢?

C：我想首先是要解决观念上的问题，这样也就解决了思维方式上的问题。我从小爱看霍元甲、楚留香和孙悟空等的故事，乃至今天他们对我的帮助还是很大。霍元甲之所以能成为武林宗师，关键在他不拘于一门一派，不将自己框死，而是博采各家之长，创造出了独具一格的"迷踪拳"，结果所向无敌。而孙悟空七十二变、腾云驾雾的形象更成为了后人"不设限"的榜样。

举个我们实际的例子：上海汶水路商场与真北路商场相距只有7公里，石家庄方北商场与解放路商场相距只有4公里，成都两个商场相距只有1公里，按商业常理，同类的商场这么近是犯忌的。但事实上这几家商场经营得都很火暴，更聚拢了人气。我就是不设限、不信邪，采用的是令狐冲的"吸星大法"。

另外，我还对卡通片入迷，为什么？因为卡通片可以说是"不设限"的经典。不管上天入地，还是远古现实，都能凭非凡的想象给予我丰富的启示。如果说这些年我在事业上还有所创新、有所突破的话，那应该得益于许许多多有关"不设限"的案例和理念。具体说来也就是不局限自我，敢于打破传统，善于因时因势而变，可谓"变则通，新则灵"。

什么叫创造？把可能变成可能不叫创造，能够把不可能变成可能才叫创造和创新。这就要求我们首先不"自我设限"，才能把不可能变成可能。只有"不设限"，才能"实现"。

从人力资源开发的角度上看，一个人突破了自我的设限，往往还能带动诸多人的突破。举重上有一种"500磅（约227公斤）瓶颈"

的说法，即 500 磅是人体体力很难超越的极限。499 磅记录的保持者巴雷里，比赛时所用的杠铃由于工作人员的失误，实际上超过了 500 磅。这一消息传出来后，世界上有 6 位举重好手在一瞬间就举起了一直未能突破的 500 磅重量。

再譬如，两个成绩差不多的学生，考试前也许彼此都认为自己只能考 80 分，但要是其中一个一下子考了 90 分，那下一次考试另一个学生很大程度上也会突破 80 分。

我的孩子露露和平平，他俩一同学游泳，但两年时间都没学会。可忽然有一天，姐姐露露一下子就成功地游了起来。没想到的是，第二天弟弟平平竟也一样掌握了游泳的技巧。

前几天，在央视看到的一条新闻，给我启发极大，讲的是一对盲人兄弟在五层高楼上养猪，很成功，去年收益 400 万，今年预计有 800 万，简直不可思议。我想如果不是盲人，可能倒想不出在楼上养猪，正常人看到的都是平房养猪嘛。恰恰因为眼睛看不见，就不给自己设限了。而且，这对盲人兄弟经常避开家人，躲在角落里窃窃私语，互相激励。然而，盲人的世界是没有角落的。这种激励，正是能量的积聚。志同道合和深度沟通，会增加自己的信心和力量；兴趣聚集，互启互动，更能有成倍的力量和自信，会让能量涌喷。所以，对下级、朋友的信赖，看高，看好，都会增加自己的自信和力量。

Q：这些例子并不光是简单说突破自我的感染性，而是说对"设限"的突破会给他人以极大的启示与激励。自己潜力的实现，无形中还能开发他人的潜力。

再说"设限他人"

Q：作为管理者，你总说，千万不能"设定他人"，而要让他人成功。那怎样是"设定他人"呢？

C：所谓"设定他人"，也就是"设限他人"。你对合作伙伴也好，对你的下属也好，总会有一定的预期，对他人的能量总有一种事先的假设。我的论点是，你必须尽可能把这种"值"提得高一点，把他的能量假设得充分一点。这对我们管理者尤为重要，是人力资源开发的一项高明而有效的手段，也是最高境界的管理——"赏识管理"。

不设限是人成长的技能。我的观点是把别人拔高 50%，更把自己看高 50%，当然务实也要同步提高。

小小的成功是大成功的引爆力，所以要善于帮助他人成功，让其积小胜为大胜，如荀子所言："积跬步而至千里。"

我现在的做法是，以一种或多种方式对同事、下级、孩子，进行启发性、点拨性、压力性、诱导性、表扬性等的推动，对症下药，见机采用，让他们自己变得更有自信。

Q：我记得看过一部叫《蜘蛛侠》的电影，片中的女主角本是很普通的姑娘，但男友却把她看得非常优秀，以至于她感动地对男友说："你想象的比我自己更有价值。"这真是一句非常精彩的话。我觉得她从本质上说出了开发人的真谛：你的想象、你的设定比对方认识的自己更出色、更有价值，他就会认定自己有这个能力，就会朝你设定的方向去拼命努力。所以片中的姑娘因此而努力改变自己，确实变得非常优秀，成了她男友的得力助手。

C：认可的力量大于一切！认可谁就成就谁！一句话让人暖，让人寒！一句话让人死，让人活！语言是心理的折射，认可他几分就成就他几分。对他人的尊重也很重要，你尊重对方，就会给对方带来自信。

古人说"取法乎上"，其实对自己如此，对他人也一样，设定高成就就高，设定低成就就低。它不仅体现在每个事物上，也体现在每个人身上；不仅体现在人的能力上，也同样体现在行为品德上。

我们红星的企业文化中有一条精髓："比别人做得好一点。"这正是对员工自身能量"不设限"的要求与设定。

因为假如你设定对方是一个具有责任心和爱心的人，那他很可能付出的比你设想的还多；而如果因对方某次偶尔的失误，就把他设定为无能的人，那他也许真的就慢慢变成庸才了。

再讲一个例子：美国的一个养鸡场，孵出了一只鹰，这只鹰长大后无论如何也飞不起来。有一天，场主把鹰带到山上，将它从山上扔下去，只见它在落下的瞬间，一下子张开翅膀飞了起来。鹰在鸡群里待久了，便会变得和鸡没有两样，只有让它回到自己的世界里，它才能找回本真的自己。这其实也是设定的问题，你把它设定为鹰，它就是鹰；你一旦把它设定为鸡，那它就永远是鸡了。

我们可以清楚地看到，无论是针对自我的超越，还是对他人的赏识，不断突破固有的思维模式，勇于否定自己的过去和敢于肯定未来事物的创新，这些是多么重要。其实人在本质上差别并不太大，优点和弱点往往都是有共性的。名人如此，成功者亦如此。人与人的差距关键在于自我的设限，或被他人的设限与否，一旦突破了设限，你的能量就是无限的了。

Q：有人讲过，竞争不是拳击，而是跳高。这给我很大的启发：你想永远走在时代的前列不被淘汰，就不光是你击败几个竞争对手，把他打倒在地的事情；你的对手应该是需要你不断突破的自我，是你对目标不断的永不设限的超越。

C：跳高冠军从来就不是一开始便能跳到破纪录的高度的，都是在最高限度上一点点往上抬，一次次往上升。

体育比赛中，看似单调的田径项目为什么让万众瞩目？大家要看的是"破纪录"，破他人的，或者自己原有的成绩记录。破纪录的本质就是"不设限"。

我相信，教练一定每一天都会对运动员说同样的这一句话：再把跳竿往上抬，你照样能跳过去！

牛眼和鹅眼

C：今天我想讲关于"自我"的问题，不知大家知道所谓的"牛眼"与"鹅眼"吗？

牛个子那么大，但胆子很小，过河时要用布蒙住它的眼睛，它才敢走。鹅呢？总是昂首挺胸的，小学课本里有句古诗"曲项向天歌"，就是描写鹅的。小时候我家里养过鹅，我给它喂食时，它还敢啄我的手和脚呢，它好像什么都不怕，很自以为是的样子。实际上，牛和鹅这种差别的本质不是出在胆子上，而在于眼睛——用于观察事物的眼球的构造不同。

据说，牛眼是个放大镜，它把看到的东西都放大了许多倍，至少都比自己大，于是这种放大给它造成了恐惧；而鹅眼呢，它是缩小镜，把什么都变小了，所以这种缩小就让它变自大了。

Q：牛眼、鹅眼的讲法非常形象，所以我们观察事物、看待他人，以及审视自己，既不能用牛眼，也不可用鹅眼。平视的认知才会拥有真正的自我。

C：一个人的自信主要来自认知，特别是基础认知，也就是客观认知。认路认方向很重要，相当于学英语先要认准音标。基础认知准确，可以增加自信和力量。

我有个亲戚，跟我干了十几年了，小事也能做一些，但就是提升不起来。之前我也一直弄不明白他的问题出在哪里。后来我终于发现了，他的问题出在自我认知上：要不把自己看得很高，突然变得非常胆大；要不又把自己看得很低，胆小得很。也就是说，他一会用鹅眼，一会用牛眼来看事物，把他人和自己全看成了哈哈镜里的镜像。

后来，我研究分析了一下：人往往有两种，第一种是太有自己的人，这种人一般都不成功；还有一种人，就是没有自己的人，也不能说完全没有自己，这种人很多时候都没有自己，最后也不会有太大的作为。比如小时候，在家里听爸爸妈妈的话，长大上学时听老师的话，叫他学什么他就学什么；工作了，听领导的话，领导叫干什么就干什么。这种人其实智商不低，但自己没有主见，完全跟着领导的思路，成为一味服从的下属，丧失自己的观点。

工作中是永远不能丧失自我的。任何时候都要有自己的观点和主张，不盲从，不菲薄，要经过自己的消化重组。做任何事情都要利用自己的智慧，你有观点，善于思考，你的每一次抉择都会和智慧连接在一起。当你没有自己观点的时候，智慧就会离你而去。

Q：乔布斯说过："你的时间是有限的，所以不要把它浪费在走别人的人生道路上面。不要受教条羁绊，那是在用别人的思考成果活着。不要让他人意见的噪音淹没你内心深处的声音。最重要的是，要有勇气听从内心和直觉的召唤。它们或多或少已经知道你真正想成为一个什么样的人。其他一切都是次要的。"有了自己的观点后，你往往可以把你的心智、意志和事情对接起来。最重要的是这样没有太多的依赖。

C：依赖是个很严重的问题。我记得自己刚上初中时，因为父亲在工地上做得不错，已经成了工头，有次我就向小娘舅吹牛说："我以后只要跟爹爹混就好了。"结果这话后来被父亲知道了，他气得把我痛骂了一顿。我好像还从来没有见父亲这么生气过，他对我说："你现在就想依靠我混一辈子了啊？我自己都还没混好，什么都没有着落呢！"

从那时起，我感觉自己就开始注重培养自己的独立意识和危机意识。我现在会给我的孩子讲：不能依赖，有依赖的人会丧失80%的能力。

而一个人有了主见之后，依赖别人的想法就少了。现在一些下属给我汇报工作时，对于他们那种没有自我的表现，我是最"感冒"的。这些人动辄将我的观点挂在嘴上，讲话的内容也多是我的言论，而不是他们自己的。这就是失去了自我，我很不喜欢。因为他们时时刻刻想让我感到满意，猜测我的心思，而忽略了事物最重要的本质。

事情的本质无非就是一二三点，但是到我这，也许就是五点。所以做事一定要有自己的观点，一定要敢于阐明自己的看法，不要老是想着领导。如果一做事就想到领导就错了，为什么呢？因为那样的话就是"领导"而非事物本质在左右你的整个思维。为此我们红星文化就规定了"实事求是"，"对事不对人，帮理不帮亲"，"凡事找方法，而不是找借口"。

当然，我们还应该巧妙地处理"自我"。有的人"自我"过度后就变成自私、自大，甚至目中无人，结果也会导致失败。我认为战略要自信，战术要虚心。自我定位的脉是关键，善用"自我"，往往可以将其化为动力。

Q：一个人过分张狂，恰恰是内心柔弱的表现；而有主见的谦逊，正说明其自我的强大。事物都是互为转换的。

C：对。开头我们讲到了鹅，那最后来说说如何学做一只天鹅吧。

我们总是看见天鹅在水面上，骄傲地昂着头，自信而优雅地游着，往往忽略了它在水下不停运动的两只脚。人亦如此，要想骄傲地自信着，只有永不停息地努力啊！

只有主角，没有配角

C："自我"是个很大的意识问题，这个问题不解决，人就无法提升，甚至在社会上和生活中都会寸步难行。

首先，我们要懂得，自我就是有主人翁精神。要做事的主人，做物的主人，做自己的主人。主人也就是主角。

大家知道，电影或者戏剧的导演界中有一句行话："只有小演员，没有小角色。"什么意思呢？其实就是说只有主角，没有配角。在这个戏里，在这个角色的定位上，每个演员都是主角，并不在于戏份的多少，而在于是否主宰了这个角色，是否成为这个角色定位的主角。反过来，戏再多，演得不好，连配角的价值都没有。

Q：张艺谋的《大红灯笼高高挂》里，有一个老爷的角色，四个女人的命运都同他有关系，但是整部影片出现的始终只有他的背影，脸都没露一次，那随便找个替身演员演一下，就可以了吧。可是演这个背影的是很有名的艺术家马精武，他正是通过背影把那个老爷演得入木三分。你说他是主角，还是配角呢？

C：凡事本质上只有主角，没有配角。也可以说，不管是什么位置，你负起责任来了，你就成了主角；你不负责任，就只能算配角，甚至连配角都够不上。那么，"自我"就必须对所做的事负全责。也许在整体上，你可能只负责一个单项，看上去是配角。但其实你就是这个单项的主角，就要把它做强。接着，再做强第二个单项。几个单项都做好了，在这不断提升的过程中，你就一定会成为全局的主角。

要做主角，当然要有主见。没有主人的心态，又缺乏主见，怎么做主角呢？别人的经验和思想，听过后都要经大脑论证和考证，变成自己的意见和方法，才是你的主见，于是对人、事物和自己的融合才会同步存在。有的人，名分上、利益上要争主角，但做事上又不想做主，不肯做主，不敢做主，不进入状态；有的人找不到自己的定位，变成了毛泽东当年批评的"左右倾"，本质是机会主义。

这些人有两种心态：一是"实习心态"，把自己当成见习生，不负起责任来；二是"跳槽心态"，混混日子，在这里当一天和尚，撞一天钟。这两种心态就导致真正自我的扭曲，甚至丧失。而失去自我，就失去了创造力，失去了智慧，就与世界无法接轨。

Q："自我"是一种自我的认定，也是一种人格的修炼。哲学家笛卡尔说"我思故我在"，没有自我的认定，也就没有我的存在了。

C：人生而平等，也是为别人付出的、贡献的，彼此是尊重与诚信。所以对外交往一定不能失人格，或低人格与其交往，不然反会被对方看不起。

自我的认定，就是有自己的思维和人格意志。而所谓人格意志，即公平、平等、正义地对待他人和事物，这其实也是一种自信。

不自信就没有灵魂。要知道，每个人都是伟大的，有我就有了世界，自己在哪里，哪里就是世界，这是内心强大的自信，做情境当下的主人也是一种自信。自信决定成败。

我们讲强者未必是胜利者，但胜利迟早都属于有信心的人。换句话说，你若仅仅接受好的，你得到的常常就是最好的，只要你有自信。一个人胜任一件事，85％取决于自信，15％取决于智力。假如一个人是自卑的，那自卑就会扼杀他的聪明才智，消磨他的意志。

Q：记得有部叫《方世玉》的电影，影片中的老方丈就讲过这样的话："世玉啊，连你自己都放弃了自己，还有谁救得了你呢?"

C：自信是人的慧根，还是治病的药，它可以治忧虑与自卑。即使身体真的有病了，自信也能让你病情好转。所以，我们要学会欣赏自己。连自己都认为自己不行，连自己都不认为自己是世界的主角，那就一定不行。不自信一定会失败。

最后我再讲几点自信的自我建立，它需要有意识地培养。碰到挫折，要设法让心情缓过来，改变心态，拯救自信：

1. 回想自己的成就。

2. 与欣赏你的人交往。

3. 凡事往好处去想。

4. 参加喜庆活动，看喜剧片。

5. 读励志的书——创造培养自信的情境。

他人的眼光是另一面镜子

Q：你给员工做培训时，经常会讲到还有"另一面镜子"，这很有意思，在此不妨把这"另一面镜子"介绍给更多的读者。

C：早些年，我们公司的企业文化中有一项具体的要求，就是照镜子。我让人力资源部给公共办公区域都安了一面大镜子，并且要求每位员工每天都要照几回。镜子上还印了一行字：一审形象，二审仪表，三审气质——这是对员工自我形象观照的基本要求。

人人都会照镜子，但我后来发现，生活中还有一面镜子，而且是更重要的镜子。它的镜面是什么做成的？是他人的眼光。

这面镜子里，照出来的客观对象尽管还是照镜者本人，但神情状态已全然不同。这里其实我们要解决的问题，是思维习惯和客观影响力的问题。

Q：所谓"另一面镜子"，就是一种思维反弹的影响力吧？

C：其实，人的能力说到最后就那么一点直觉。直觉从哪里来呢？知识的积累，加上肯定自己，也就是说自我的认定。

比如说认定自己能力非常强，然后马上直觉就打开了。直觉一打开，这个事物的节点马上就出来了，然后别人看你的眼光马上就不一样了，不一样的眼光马上就反弹给你，你马上就更自信；然后别人一看又觉得很好，他们的眼光马上就又反弹给你，这不跟一束光在镜子间翻来倒去一样嘛！

这面镜子里是谁？镜子里的始终是我们自己，不是别人。但别人永远是我们的一面镜子，它会反弹。你强了，它看你的眼光不一样了，就会反弹照给你，你差了它也马上照给你。它永远照着我们。

我们周边的人就是我们的一面镜子，是似乎看不见的另一面镜子。当然它没有语言，没有谁会说你不行。

Q：你说的这面镜子其实无处不在，但一般人只会注意反映自己容颜的镜子，而往往忽略他人的眼光这"另一面镜子"。

C：我想再强调一下：如果有一种不屑的眼光反弹到你身上，然后你就会开始认定自己不行；然后反弹给别人，别人的眼光又反弹给你。别人认定你不行，往往到最后就是不行。

人的能力和人的成长到最后还是一个自我的认定。这种反弹效应我觉得对人的激发力和摧毁力是很大的。

当然，还可以看看别人的镜子，别人有什么缺点也拿来反省反省，所谓"众生皆我相"嘛。

假如是老穿皱衣的小孩

Q：前面说到"另一面镜子"的反弹，好像你还讲过一个老穿皱衣的小孩的故事，我觉得挺有意思。

C：故事是说，有一个小朋友，从小对穿衣服不在意。主要是他妈妈觉得孩子小，又不要讨老婆，衣着外表根本无所谓，就从来不关心、不重视，给孩子穿的不是皱衣服，就是脏裤子。于是，别人都认为他笨、脏、卑微。这个眼光反弹给他，小孩就觉得自己很脏、很卑微，他长大后还是很自卑。因为自卑，他小时候学习就很差，工作了也什么都做不好，生活也总是不顺。这个自卑，成了他永远的精神镣铐。

这个故事其实是真实的，而且在生活中还很常见，本质同思维有关，但今天我要把它延伸到教育观念来讲。

Q：在教育中，孩子的自我认定是一个关键。而最关键的，是影响、引导、启发，而非说教。

C：孩子的成长更多还是靠自信，靠他人眼光的肯定，靠被激励的感觉。即使是大人，遭受的挫折太多了，对他的心理健康也不利，对其成功也有阻碍。

爱因斯坦小时候成绩很差，老师认为他笨，大家都认为他笨，而只有他的母亲固执地认为自己儿子最聪明，老师才是笨的。这位大师就是在母亲这种信任与激励的目光下，成长起来的。

对于如何开发孩子的智商与情商，我用心琢磨过。在家里我会故意装笨来教育我的孩子，装得什么都不懂，完全大傻瓜一个，先静静地听他们讲话，等他们统统讲完了，再表扬他们的优点。现在儿子和女儿见到我就说我真笨，其实他们不知道。现在我装笨的水平更高了。我的思维比他们慢一步，他们的思维就变得快起来，表扬了他下次思维还要快。

Q：教育孩子，装笨好像是你发明的高招嘛！你自身的言传身教，也会使他们更聪明、勤劳。

C：再说一个我女儿的真实故事。

我女儿现在在多伦多读书。记得她小时候，我带她去欧洲旅游。有天黄昏时我们一起回酒店，途中她不小心让手里一个矿泉水空瓶滑到门口的坡下去了。过去她妈妈总给她讲有关环保、公益的道理，当时我故意说："算了吧，反正是空瓶子，天又暗了，也没人看见，再说这个小山坡下还是个坟地呢。"可女儿二话没说就奔下去，把那个空瓶子捡了上来，而且还很自豪地批评了我："妈妈不是一直教育我们不要乱扔东西的嘛！"

至此，我的目的已经达到了。反过来想，如果大人当时首先责令她去捡，或者还要再次重复一通大道理，结果可能就适得其反了。

当她捡上来之后，你先自我批评再不断表扬她。你想这样的效果会不会更好？

Q：你利用了小孩的逆反心理，成功达到了教育的目的。可惜现在很多家长都不善于这么思考和处理。

C：教育孩子也是法无定法。我是结果论者，实践证明，我装笨是很有效的方法。就是在公司里，管理者也不必事事在下属面前逞能，甚至也可以装笨，这样反而会让员工们聪明得更快，成长得更厉害。否则，什么事情你都快一步，到最后他们就没积极性了。

教育孩子还有一点，就是要注重思维环境的营造。要知道，孩子的思想是无法超越他常接近的那几个人的思想的。所以父母常带孩子到各种优秀人物集中的场合，他会有不可思议的变化。

让孩子从小接触优秀的人，其实也是帮助他通过找偶像来设立目标。孩子学习上的动力，更多来自于目标，而非兴趣。你想现在有多少孩子读书的兴趣真来自内心呢？

除了思维的软环境，教育或者说培养孩子成长，还有硬环境的问题。

我是搞家居的，就家居环境对孩子的影响做过研究。我认为，如果是一个男孩，那他生活的空间，就一定要布置有诸如飞机、兵舰、枪，或者足球啊、篮球啊等运动器材，让充满阳刚之气的氛围帮助他增强男子汉的自信、个性、勇敢。

假如是女孩，则要多放些花、漂亮的洋娃娃，挂个风铃之类的小道具，让这个屋子的环境很温馨、很优雅。她的气质就会潜移默化地往这方面接近。洋娃娃的发明，与英国贵族淑女的气质塑造有很大的关系。

可惜现在很多人对孩子成长的居家环境还不够重视。当然培养孩子的素质，还应该带他多去听听音乐会，多去看看美术馆，有条件还可以多出国开开眼界。

再回到开头那个故事上来，如果那个孩子的妈妈，给他穿得整洁些，让他的形象改变些，老师和同学对他的看法肯定会不一样，当然他以后的成长也会与原来有天壤之别。

Q：现在很著名的日本艺术家村上隆，就是因为十多岁时，他父母带他去参观了一次画展，而从根本上改变了他的人生轨迹。

C：注重反弹影响，尤其是家长们，千万别让你的孩子老穿皱衣服！要用心为孩子设计发型、搭配好服装，而且每天帮他们把衣服熨烫平直，让他从小就懂得体现独特的个性之美。

"思维环境"的影响力

Q：《当下的力量》一书中提到"思维的噪音"，我认为这是一个思维环境的议题。

C：思维环境的影响力非常大，因为人的适应性是很强的，长期没有新事物的刺激，对原来的信息和事情就会麻木。就拿我自己来说，一般换了新的生活环境，开始总不适应，睡不好，但时间一长，连噪音都会习惯。这就很可怕。

我现在提出一个概念，叫"客人化"，就是说以客人的思维和眼光来审视我们所熟悉的事物。或者说，通过换位思考，把思维环境刷新，重新来刺激自己的思维，从而再发现新的素材。总把自己当成"主人"，思维就迟钝了，想的东西就真的变成"老生常谈"。

Q："客人化"的提法非常好，国外有位大戏剧家叫布莱希特，就提出过艺术创作"陌生化"的理念，而且他的许多作品也由此成为经典。

C：世界管理大师彼得·德鲁克有本自传叫《旁观者》，他坚持用旁观者的视角去观察企业，对企业的得失作出客观的评判。我现在特别强调一个"旁观者思维"，就是为了避免受到"主观者"思维环境的干扰。

我们回到思维环境上来。前面讲到"另一面镜子"的反弹影响力，那还有第二种影响力：你会被积极向上的、勤劳的人影响得勤劳了。他好的思维方式影响了你，但你绝对不要依赖于他。

第三种影响力呢，关键在于定位上，定位不准，聪明人会把你影响得笨。你老和聪明人、能力强的人交往，你就会产生依赖；你和一个勤劳的人交往，你也会变懒，因为他把事情都想周全，都干完了嘛。所以我觉得这个定位是：虚心向他学习，但绝不依赖。依赖的结果更会影响我们积极的挑战。

Q：人与人的交往确实能改变人。

C：是啊，改变人的思维方式的还是人。人一旦觉得某人能干，就会去依赖他，听他的话，那就没有了自我。与差的人交往会变笨，和强的人交往也会变笨，这个事情很矛盾。

难就难在你和聪明人交往，而不依赖他，还要认为自己是主角。这个事情我认为是一个很大的矛盾统一的工程。

人不能有依赖感。依赖感一出来，大脑就依赖；大脑一依赖，行动就依赖，这样就丧失了自我。所以改变思维习惯也得靠自己。而思维习惯的改变，很重要的一点，就是你对思维环境要经常性地"客人化"。

一个人的思维习惯又从哪里养成的呢？到目前为止特别笨的人我几乎没有见过。我研究过好多人，有个最典型的人是我亲戚，他很聪明，但主要思维逻辑是错误的，他的思维环境肯定是有问题的，同时他的目标也是错误的。他急功近利，导致短期行为。他还自以为是，最终一事无成。

我始终不认为有谁比较笨，有谁比较聪明。但人又是怎样"变笨"的呢？大致有以下几种原因：一是自以为是，越笨还越以为聪明；二是习惯依赖；三是失去自我、不自信导致变笨；四是不分析不找原因，死记硬背，迷信教条变笨的。关键还是在那个思维环境里的思维方式，它决定了你与聪明的差距。

思维库存

Q：关于记忆的问题，你一向很强调。甚至在公司管理的"平时经"里，就有"平时不记忆，就是混日子"的内容。记忆是你的管理之道中非常重要的一点？

C：人是智慧的动物。智慧从哪里来？思维。但思维需要有库存的原材料呀，这个库存就是记忆。

一般动物的思维是很低层次的，甚至谈不上思维，更不用说智慧，原因就在记忆的程度上。举个例子讲，为什么大家觉得狗要比其他动物聪明，都喜欢养它，因为它认识主人。而这个认识，其实是因为它记忆的水平比其他动物高。狗肯定比猪聪明，鸡、鸭也比猪聪明，但不如狗，都是记忆的因素导致的。鹦鹉会说话，靠的也是记忆。

我们看马戏团里有驯兽师，为什么要训？说明记忆是可以训练的，训的不是聪明。

Q：现在网络的引擎搜索，其实也是借助现代化科技手段的知识记忆储存。

中国首次发布的《网民健康状况白皮书》中调查结果显示：在1.62亿网民中，近70%的人有健忘、注意力不集中等问题。

C：事实上，社会竞争的日益激烈和工作生活节奏的加快，这一数字还会不断上升。现在健忘不光是老年人的事，年轻人每天接受大量信息，心理负荷重，已经伤害到了大脑里主管记忆的相关区域。

这个问题很严重。人的大脑是最先进的运转器和贮存器，一分钟可以处理无数的信息，但如果很少存储下来，那就完全是浪费，浪费了生命和时间。

人的一辈子，像一个不断生产产品的工厂，如果没有原材料的话，那怎么能保证正常的营运呢？失忆的人既没有过去，也没有未来。

我重视的，不光是记忆本身，而是通过记忆对事物本质、规律的了解与把握。这不管在工作还是生活中，对我们都太要紧了！

Q：必须研究记忆与思维的关系。很多人喜欢死记硬背，不在思维情境中记忆，或者不在调动记忆的过程中加以思考，这都是不注重事物之间的规律的表现。

C：人的一生要做哪几件事情？其实只做三件事：了解事物的本质，掌握事物的规律，寻找事物的联系。而这些都跟记忆的库存有关。

判断一个人也是这样，当领导的起码要记住下属三到五个优点，而对他的缺点只要有一个模糊的记忆就可以了。但往往很多领导，下属的很多缺点记得很清楚，却记不住下属的优点，这是不合格的。

记忆确实会决定思维，或者说记忆会构成一个人的思维方式。我们思维方式的形成，很大程度上是记忆倾向的累积。

记忆有倾向，也就说明了记忆还需要梳理、清理。经过整理后的记忆才能有效地帮助你形成正确的思维。有质量的记忆会使大脑永不折旧，会带来大脑的"资本运作"——成倍数的有价值的"思维库存"。

怎样不让有意义的记忆蒸发掉

Q：一个叫约瑟夫·哈里南的美国人，写了一本叫《错觉》的书，他在书中讲到一个"记忆内存"的概念：你如果不用心，记忆内容就会像"沙漠里的水那样很快被蒸发掉"。他的结论是"一心二用等于遗忘"。

C：怎样不让有意义的记忆蒸发掉？那就一定要去剖析事物，而且剖析的过程一定要用心。

例如我们看板式家具，你就要知道它是细木工板，还是中密度板，抑或是贴的木皮。一件事情总有组成部分，而结构则是逻辑关系。只有善于剖析结构，才能找到事物的本质，才能够帮助你形成有意义的记忆。它还会增加你对这个事物的情感，你就会对这个事物越来越有兴趣，形成习惯。这就是记忆对于思维的价值。

Q：过去也有人把记性和聪明联系在一起，科学家认为人神经的寿命是同记忆功能有关的。其实记忆它既有一个生理性的特质，但更多还有主观上的能动作用，这点往往被忽略了。

C：对，许多老人就是这样，认为自己年龄大了，就不愿多去记忆了，认为这是在保护大脑，其实是完全错误的。记忆会使大脑产生化学反应，通过血液循环促进大脑细胞的新陈代谢，会刺激大脑的转速。澳大利亚的专家研究发现：老人参加一些如读书、写字、画画等刺激脑部的休闲活动，可降低一半患痴呆症的风险。

而工作动脑，对脑细胞和全身神经细胞提供氧气和营养的强度更大，更促进脑部和全身神经的新陈代谢，促进大脑和神经功能的强壮。

现在许多年轻人不肯好好记忆，觉得多记会伤神，或认为要记忆的那些内容没有意义。"对不起，我忘了"已经成为越来越多的年轻人的口头禅。这样思维就没有库存了。

Q：《错觉》中还说道：克服健忘，方法就是把没有意义的符号注入一些因素，使之变成充满意义的信息。记忆应该是有方法的。对于必须好好储存在你大脑的内存卡上的信息，听说你有个"12 字口诀"。

C：我想书中的"一些因素"，指的是应该在任何事物上借助于情境、情节、细节，去找到本质、规律和联系，那样你就可以整理出有价值的记忆库存了。我自己总结的 12 个字，在此也可以同读者们分享：想记住，强迫记，记情景，反复记。

想记住，是对记忆的主观愿望。强迫记，是付诸行动的要求（包括用笔和电脑等工具辅助）。英国的《自然》杂志上还介绍过"限时记忆法"，在规定的时间里记忆数字、人名、单词等，给大脑做脑保健操。

我坐出租车时就有个发现。过去在常州这样路不多的小城市，司机好像还有不知道的路，而在上海，路多得多的地方，每条路司机却都很清楚，是什么原因呢？就因为上海路多，他必须强迫自己去记忆，便有了库存。

记情景，就是情境记忆。努力把你要记住的东西，设置在一个情境、故事之中，那样它会形成一个三维的立体记忆。我觉得这是帮助记忆最重要的方法。

美国的研究人员发现，如果孩子们坐在安静的教室里回答问题，隔天的回忆会少得可怜；而同样的问题，如果是在实验室的环境里讲授的，再把他们带回教室里来回忆，蒸发掉的记忆就很少。

成人也是如此，英国人曾做过一项实验，研究人员将受试者分成两组，分别在陆地和水下记忆单词，然后测试记忆情况。测试完后，再将这两组人交换到水下和陆地。结果发现，当更换了场景以后，双方的记忆都有所减退。这就表明了，人在记忆的时候，当时的情境是很关键的。

Q：报载有个魔鬼心理实验室，让两组人完成同一个记忆任务。一组人在繁忙的大街上走一圈，另一组人去植物园走一圈，结果发现，后者的记忆效果超过前者50%。这可能因为植物园的情境更有利于记忆。

C：对，再拿电脑来做个比方，没有记忆，就是没有内存；不去记情境，故事和细节的搜索就慢，或者根本就搜索不出来。大脑对图像、情境的记忆，内容是文字记忆的一万倍，所以现在已经进入"读图时代"了。

还有一个反复记，其实就是思考记忆，和对记忆的整理与不断复习。

特别还要养成三维记忆的习惯，通过反思和（事物联系）联想，可以追回消逝的情景。把大脑的三维记忆的素材与现在的情景找到组合点，或者利用现在的情景来调动大脑素材，都可以达到成倍的思维效益。

"阿凡达"思维

Q：听说电影《阿凡达》上映时，你连看了三遍，肯定是为了研究想象力吧。那具体你是针对其情节，还是它的三维技术呢？

C：很多人总是把这两者人为地分开来评判，我就认为是一体的。卡梅隆、张艺谋都是艺术加技术。没有那种三维的技术，就不可能有那样的情境。这还是一个思维的问题。

《阿凡达》最大的成功，就是一种想象思维的成功。所以我说要训练一种"阿凡达"思维。

"阿凡达"的大脑是什么？3D的大脑，空间模拟、立体想象思维！

我们小时候看什么？平面的连环画，听评书，电视最多也只是黑白的。但现在的小孩接触的不仅有彩色电视、3D电影，还有电脑、互联网等，你说他能不聪明吗？不同时代出来的人，智商不一样。这其实不光是眼界的打开，更重要的是，他从小就有了一种立体想象的思维。这种思维太重要了！正如爱因斯坦所说的："想象力比经验更重要。"

现在的小孩肯定比我们那时聪明，当然将来的小孩又会比现在的小孩聪明。

现在年轻人恐怕没有不上网的，网络人的思维，就是结构链接的空间想象思维。但网络上的新闻，事例还是平面的，太简单。电视则更立体化，容易记忆。所以现在的父母，你不要去买那些所谓的开发智商、让大脑变得聪明的营养品给孩子吃，没什么大用的，你应该带你的孩子多去看几场 3D 电影。孩子小，看不懂故事也没关系，关键在于，他会通过视觉的冲击，慢慢形成自己的想象思维。

Q：台湾的当代戏剧大师赖声川讲创意学时，就讲到这样一个例子。有个小孩子一天跟妈妈上街，忽然停了下来，说："等一等，天上有只狗狗。"妈妈却厉声道："笨蛋快走，那是云！"孩子的想象能力可能由此就给扼杀了。

C：空间想象能力对我们处理任何事物，都非常重要。过去的设计师，主要是平面手绘图纸，但现在全是三维立体建模的效果图，这不光是手段的超越，在观念上也会带来新的突破性飞跃。

任何成功，本质上都是想象的成功。

发明家所产生的伟大发明，在他之前有吗？没有，发明家是原创的。那原创的基点是什么？依据是什么？就是想象加上联系，把碎片拼成系统。

爱迪生想象着光明的感觉，他才发明出了电灯；瓦特想象着动力的感觉，他才发明了蒸汽机。

《阿凡达》厉害呀，它凭想象创造出了另一个世界！

我们的神话是想象的典范，后人也正是充分运用想象思维，才有了许多发明创造。我们商业空间的创新，也是想象的产物。比如说，当我们卖场还是"大棚时代"时，我就想象哪天把它变成精品结合店的"销品茂"（ShoppingMall）模式；当我们为身处现代的顾客提供产品服务时，我就想象能否有一个"未来之家"让大家超前体验五百年后的生活；现在我又在想象我们的家居精品店，能否变成珠宝店，或者艺术品店那样的创意馆……我的许多成功实践，实际上是源于我的想象，以此再在现实中寻找，或者和设计师共同来创造想象的对应物。甚至我现在还在想象，能否把我们的红星美凯龙设置成一个阿凡达情景的商场。

所谓创新也是如此，想象在先，有了想象再去探索、尝试，把想象变成现实。所以这个空间想象的能力，不仅是艺术家，也应该是成功企业家必备的关键能力之一。

Q：有资料显示：世界上大脑最大的动物是抹香鲸。大脑与体型比最高的是一些鸟类，最高可超过 8%，而人类大脑与体重比仅为 2.5%。成年人大脑大约重 1.36 公斤，但却是最具有敏捷的推理能力、思维能力和想象能力的物种。所以人类一定要充分善待、善用自己的大脑。

C：大脑的空间想象能力和形象思维能力是需要锻炼的。就是当你在思考问题时，脑海中会出现视觉的一幕，这一幕很关键，像电影一样。有的人有，可有的人就没有。没有，那就说明你缺乏空间想象力，当然这需要平时的训练。有次我从徐州坐汽车回常州，途中我助手的家里给她打电话，问她到哪了，她回答"快了"。由此引发了我的思考：过分简单和空洞的陈述，其实会让双方都变笨。我想她应该说："刚在江阴大桥上看到美丽的夜景。"（因为大桥刚通车，本身具有新闻性；同时让对方有个立体的图像，还能计算出回家的时间）这样，有时间、有距离，特别是有情境，情境化就增加了心灵的视觉效果。

美国心理学家约瑟夫·墨菲在他的《潜意识的力量》中，就提出了"头脑电影法"的观念。他说："有一句老话这样讲，'一图抵千言'，你必须把这件事想象成客观存在的现实。"所以我说，一定要训练一个 3D 的大脑。

Q：同样，朗达·拜恩在《秘密》一书中提出："'视觉化'是几个世纪以来所有伟大的导师和人物，以及现世所有伟大导师一直在教导的方法，它之所以会这么有效力，是因为你在心中创造了一个看见'已经拥有想要事物'的画面，于是你就会产生'现在就已经拥有它'的思想和感觉，就是强烈专注在画面上的思想，它会引发同样强烈的感受。"这应该成为训练"阿凡达"大脑最好的诠释。

用形象思维去预见未来

Q：前面讲了人的空间想象能力，其实也就是形象思维。

C：想象力是形象思维的工具，而善于用形象思维去预见未来，才是成功的开始。

去年我在世博会期间，除了进行民企联合馆的重要嘉宾接待外，自己也专心致志观摩了30多个展馆。德国馆、法国馆、沙特阿拉伯馆、美国馆、英国馆、日本馆、澳大利亚馆和中国馆等，我都看过了，我把它看成是一种与世界体验式的沟通。而这些展馆最大的共同点和震撼点就是，用形象思维的方式去演绎、去预见未来的生活。

我在第一财经《头脑风暴》的节目录制中也说过，世博会会让人变得聪明。那这个聪明是怎么来的？就是通过最新的科技与创意，激发了人的想象力。

Q：那人的形象思维能力，或者你说的"3D的大脑"，能够训练出来的关键是什么？有人认为想象力是天生的，譬如我们会常说，××有艺术细胞，所谓艺术细胞，就是空间思维能力。现在看更应该说是"创造细胞"。

C：这不是先天的，可能先天有一点影响，但完全可以通过后天来训练。如果有一门创造学，那么它首先就要学空间想象力。那这个空间想象力怎么培养呢？我想主要是通过情境设置，和情境设置下的思考来锻炼。遇到人、事、物，大脑就马上图像化、场景化。

我去澳大利亚，就觉得悉尼歌剧院外观的灰色很美，漂亮得不得了，这是一个情境吧！我在这个情境下就开始思考，它漂亮在哪儿。我换一种思维方式去模拟它变色的效果，建筑在大脑里变成红的、绿的、黄的，好像都没有灰色的美。为什么呢？于是我就发现，它的美很大程度来自边上那座跨海大桥，有蓝色海水的映衬，或者说衬托。这个结论，既是我利用了空间思维的结果，也是一次对形象思维的锻炼。

于是我又想我们的鸟巢怎样可以更美，我总觉得它还缺了什么。缺什么呢？我再运用形象思维，在眼前过电影，哦，原来这是个独立建筑，它的周边没有山，没有海，也没有那种环形交叉的立交桥，它缺景，缺了衬托，没有环境的呼应。

Q：古人有"境由心转"之说，现代还有"情境管理"的理论，这些与空间思维应有内在之通。

C：有啊。我小时候就把自己想象成一匹马，赵子龙的白马，我就会在路上蹦啊跳啊。这完全是形象的思维训练，无形中催发了我的英雄情结。

我在给员工培训时就讲过，你希望成功，你要调动工作的情感，不要想象身上背负的压力，而是要想象未来的美好。要调动你的空间思维，想象一种情境，并进入其中想象自己的未来。

比如你可以想象你当了总经理之后，非常有地位，享受优渥的待遇；也可以想象你事业成功的时候，又买了一套漂亮的大房子，你的亲戚朋友都觉得非常有面子，会因你而自豪。

爱因斯坦说："想象力就是一切，它是生命将发生之事的预览。"所以，要想象你未来的成功，赋予自己未来很高的一种荣誉。这样为了明天的荣誉，才会建立起今天的情感。

特别还要锻炼即时联想的能力，把你收集到的素材图像化、情景化。对事物分析求根的最佳方法，就是具有现场感的联想能力，也正是形象思维。而一旦会用形象思维去预见未来，那要比什么靠相面相手去预测运程之类的更加科学、更加可知，也更加有效。

大脑要做眼睛的老师

Q：美，一向是你讲得比较多的话题，也是你在各个环节上孜孜以求的。

C：审美太重要了！

假如我们的人不懂得审美，就不可能注重形象，也不可能有高素质。

一个人的素质、修养及品位是从审美开始的，幸福的更高境界也是从审美开始的。我发现许多人不懂幸福，把吃饭、睡觉、玩、夫妻生活当成幸福，这是最基本层次的。高境界的幸福应该是追求美，更高的层次就是品质之美、品味之美、艺术之美、文化之美和感觉之美。所以我现在提倡要多看艺术类的新闻。

学会审美，是一个人品位的开始。我现在就很注重审美与生活情趣的结合。譬如有次我到天目湖畔的涵田度假村，用早餐时，我就一定要求服务员把餐桌摆到室外的湖边，喝着清醇的茗茶，看着那晨光中静静的湖面，眼前真可堪称"天下第一景"啊！

美往往与爱连在一起，爱大自然，爱社会，爱朋友，爱工作，爱生活，但还要懂得欣赏其中的美。美与爱是幸福的 DNA。不懂得爱中之美，是不幸福的，无法真正享受到人生的乐趣。

Q：如何审美？你说过一是审物，二是审事，三是审人。

C：审物最广泛，包括平面的、空间的，但首先要认定哪个美哪个不美。比如说一个物体，就说一只杯子吧，这只杯子不如那只杯子漂亮，因为这只杯子造型太一般。那么我为什么认为它不够漂亮？因为它就是一只普通的杯子，除了可以盛水以外，没有一点吸引我的地方，我就审定它不漂亮。在米兰设计展上看到的许多杯子，我感觉都特别漂亮，因为它们有创意，它们不仅是杯子，还是一件艺术品，我就认定了它们很美。这也就是审美的审定。

一些高档的场所，装修为何大多只用黑白灰金？我开始思考，哦，高品质的本质就是单纯。

还要注意用心。我是近视眼，把眼镜脱下来时，看东西好像就不那么清楚了。后来我发现，其实戴不戴眼镜看东西都要仔细，才会容易记忆，否则戴眼镜看东西的敏感度一样不行。

审事就是看一件事情完美不完美，说出来的话漂亮不漂亮。这是一个更高些的层次。一篇文章写得好，就是做得很美。一个问题解决得好，也叫处理得漂亮。要学会用美来评判我们的工作和生活。我平时都是用美来要求和规范自己的，不美就不舒服。

审人，那就更高了。不光看人的外部形象，更要观察、判断，分析其个性、气质，以及形象定位与身份、环境等关系，包括善良、真诚、上进这些心灵之美的元素。当然我还讲过，人的形象、素质都是硬件，要通过形象等硬件去拉动内在的软件。

Q：人跟人不一样，审美偏差很大。譬如说这个手机你觉得很酷，很美，但他就是认为不好看，不喜欢。特别是审美的普遍性与审美的个性化问题，在一个与美直接相关的行业，如何更好地处理呢？

C：这确实有个选择。你提到行业，行业的审美一定要考虑普遍性，特别是大众审美还处在初级阶段时。我们搞经营与管理的尤其要重视这一点，否则就不能做生意。

曾经有人向我提出，要去片面追求审美个性化，我告诉他不对，刚开始我们一定要学习审美的普遍性，先弄懂了普遍性才能与社会接轨。艺术家是讲个性化审美的，但我们的顾客绝大部分不是艺术家。

延安时期，毛泽东与梁漱溟有过一次争论，话题就是人性的特殊性与大众文化的关系。我现在研究中国人的审美观，毕竟其中设计师和艺术家还是极少数，太个性化的人也是极少数，所以大部分的人存在很多相同点。一个人能够读懂自己，就能读懂中国百分之八九十的人、世界上百分之七八十的人。

我们的春节联欢晚会来回也就是那几个小品、那几个东西，它们就是满足我们的不同性格喜好的几种类型。比如赵本山，出来就装得傻呵呵的，那个小沈阳也装得傻傻的，为什么这种类型最吃香？这就是因为审美的普遍性。因为过年了大家都要放松一下，这个普遍性就形成了共鸣。很多成功的大片，也就是赢得了轻松审美的共性。现在出来了一个周立波，我个人很欣赏，但他是满足聪明人的，相对来说，他个性化强一点。

Q：我发现，你现在经常会打车，是为了去了解大家的想法？

C：有次我在地铁上，被一个顾客认出来了，他很惊讶地嚷道："你是车总吧，怎么你还坐地铁？"其实他不知道我现在有时间就去乘地铁，去了解大众的审美，寻找与顾客的共鸣点。

因为审美的主观性很关键，它是自身定位与物、事、人之间的对接。对美的观察、发现和审视，其实很大程度上还来自人本身的文化底蕴（知识）、素质修养（见识），甚至道德评判（品格）。说到底还是那一时段，或者讲那一刻你的思维所决定的。

审美绝对来源于思维，所以要让大脑成为眼睛的老师！我写过一段关于"自己的眼睛"的短信，这里可以借过来说明问题：

"一双刻毒的眼睛，看到的都是有缺点的人；一双傲慢的眼睛，看到的都是愚蠢的人；一双自信的眼睛，看到的都是力量；一双善良的眼睛，看到的都是朋友；一双尊重的眼睛，看到的都是尊重；一双梦想的眼睛，看到的都是潜在；一双学习的眼睛，看到的都是智慧。"

Q：同样，一双懂得美的眼睛，才会发现美。罗丹就说过："生活中不是缺少美，而是缺少发现。"

审美：世界的认定

Q：审美又从哪里开始？我注意到你前面讲到一个认定，它应该是审美的一种方法论吧？

C：审美应该是从认定开始的，就是当时我们眼光的确定性。它是程序，是观察你的审美对象后，审定、认定，认定以后你再去求证，再了解，然后再一次认定。随着我们的年龄、阅历的增长，会提升或改变我们的审美，它是会上下浮动的。但如果对事物的审美，时时刻刻总不认定，就等于不知道好坏，就是没有主见。

因此第一点，我们自己要认定它，好就是好，不好就是不好，不要模糊，审美不能模棱两可。比如你旅游回来，人家问：那里的风景美不美？你回答说"好像还可以"，那就完蛋了。什么是美？美在哪里？在审美上，第一步都不清晰地认定，那等于什么都没有。

第二点就是考证，通过专家确认，不是一个人而是几个人。我一直认为能够创造美的人，都是专家。通过专家的确认，然后自己再认定、再考证。

审美还是有阶层性的。以前是科员，后来变科长，审美就会不一样，因此一定要再考证。科长升局长肯定会换家具，草根成了明星肯定要换造型，一夜暴富的肯定要换房子，业务员提升为主管肯定要换行为举止……我们在考证审美的时候，至少要涵括三个阶层。

Q：美其实是礼文化的延伸，它有很大的社会、时代背景的因素在里面。有个观点叫"一只手的距离"。你的审美与大众审美不能完全在一条水平线上，但也不能太超前。同在一线上没有提升，而太超前人家又不乐意拽住你。你首先往前走，但要保持一只手的距离，确保时时能拉着大众一同与时俱进。

C：对啊！所以我们要学会时时刻刻去认定，这就是方法论，我们就会成长很快。

审美如何定位？首先要懂得审美的构成。美的角度比较多，所以审美是在变化、动态中的。不同的人有不同的审美标准，但对形象、对环境、对大自然美的认识，还是有一定共识的。

当然，审美一个最重要的概念，就是主见。主见是人的灵魂。有主见、有正确的定位，才能获得正确的审美。

Q：过去我们搞创作，有句话叫"博采众长，自作主张"。主见是你对外部世界的各种事物及人，作出你内部世界的认识和反映，属于你自己的判断。

C：最近我还有个发现，城市马路一定要是黑色的，这样路面有点灰尘也不容易看出来，路边的树才会绿得好看，马路上的白线才白，黄线才黄。地面的颜色太重要了，马路不黑，天空的云也不那么白，两边的房子也不那么美，因为建筑大都是淡灰色的，马路如果也是灰的，那就糊掉了。香港和北欧的城市为什么感觉特别清洁漂亮，主要就是因为那儿的马路是黑的，有反差才有立体感。当然这属于城市的公共审美领域了，但社会必须重视艺术、品位。现在字画卖得特别贵还不行，一个高雅的环境应该更值钱。

话倒过来说，没有最美，只有审美。所以，审美要从认定开始，才会产生有价值的审美。

第三章

成长就是向成功下订单

成就感是人的引擎

C：人的成长是一定有引擎的，拉力的大小决定成长的质量。

Q："人的引擎"这几个字很醒目。那作为"引擎"的成就感，究竟为何物呢？

C：人成长的能力，也就是我说到的自我塑造能力，元素当然有很多，方方面面，今天说我认为最重要的——成就感是人的引擎。

先要创造业绩。怎样创造业绩？事业心与责任心，我说过，选女婿也就是要这两个心。创造业绩后我们就会产生强烈的成就感。成就感就会使我们对事物产生热爱。

培养自己的成就感，你就要付出！在一件小事情上多付出，比别人多花时间，多花甚至比别人多 2～3 倍的时间和精力。比如说我，我做任何事情都希望把事情做成功，从不把它做到一半就放弃。当然要把事情做成功要付出很多。但是，你这一次不付出，下一次你付出的将会更多。

我们不能想自己比别人聪明，而要比别人能起早摸黑，别人干一个小时，我们可能干两个小时。但是我们花两个小时，做得很有品质、很精致，就会获得业绩和成就感，下次做这个事情可能就只需要半个小时。

最重要的一点是，不要养成失败的习惯。也许你失败的一件事是小事情，但你可能因此失去了你的良好心态，失去了你的信心，失去了你的成就感，这是巨大的损失。而积累微小的成功，才会形成巨大的"引擎"。比别人做得好一点，就积累了成功，或者得到了成功的喜悦。特别早期一定不能让自己失败，宁可付出几倍的努力，也要养成不让自己挫败的习惯。

所以现在我们的企业文化中又特别强调了"凡事找方法，而不是找借口"。我早年就说过，方法永远比困难多。

毛泽东当年打游击战为什么总能取胜？因为他善于集中优势兵力，往往还是多于敌人2～3倍的绝对优势兵力。他的理论是"要么不打，要打一定要打赢"。这样就打出了自信，打出了智慧。

Q：可是有些人从不注重小事，甚至很多事都不在乎，"我不行，你就走你的阳关道，我过我的独木桥"，变得什么事情都放弃，放弃到最后，让自己没有业绩，也失去了成就感的引擎。

C：我们做事情，做10件事情失败了2次，还可以原谅自己，但做10件事情失败了3次，我觉得就不能够原谅自己了。

养成差一点、马虎或失败的习惯，我们就会退缩。

成就感产生的良性循环，与一旦失败产生的挫败感，一正一负来去差很大。

学生读书，成绩上不去，其实是心扉没打开。一旦豁然打开，再重视每堂课每道题，70分变成90分是很容易的。

　　还有一个就是韧性。做事情一定要有不屈不挠、死不罢休的韧性。我们做事情做到一半就退缩了，肯定不行。应该让自己永远没有回头路，永远让自己割断退路、背水一战。很多成功的军事案例都是背水一战。一个人一旦给自己退路，会产生退缩的想法，会产生很多很多负面的东西，要干就要干到最好。

　　而韧性也需要小小的成就感来换取大大的能量，因为成就感才具备拉力。它拉来的是人生立体多维的幸福。所以我们一定要养成做出成绩、享受成功的习惯，让自己产生巨大的热情与兴趣。成功了更努力、更自信，就会拥有更好的工作平台，于是更有激情与梦想，更幸福。

成长让生活更美好

　　Q：自我的成长，这对于每个人、每个有生命的物体来说，都是不能回避的话题。客观上他每天、每一刻都在成长。

　　可现在有些年轻人，特别是一些 80 后、90 后，拒绝成长。

　　C：成长是幸福的，也是艰辛的，但客观上来说，你不可能拒绝成长！或者说你无法阻止你肉体的成长，你只是精神上对成长进程中不断的责任压力感到恐惧。有人说，这是一种"青春期延长"的状态。

传说古时候有一个小孩，特别害怕长大，天天问父母有什么办法不让他长大。他父母一向非常宠爱他，好像也希望他一直是这样可爱的小宝贝。后来父母就设法弄来一个大土罐，把孩子装进去，每天吃喝拉撒全在里面，这样就长不大了。孩子和父母都非常开心。

但你说这样孩子就真的长不大了吗？

Q：这个害怕长大的孩子，长期待在土罐中，身体功能自然退化了，成了废人，而罪人恰恰是溺爱他的父母。他们扼杀了孩子的成长，剥夺了他享受生活的权利。故事虽然夸张，但说明了一个很严峻的道理。

C：成长让生活更美好，这是我多年创业生涯最大的，也是最好的收获。

再讲一个小孩"剪蛹"的故事。有个小孩养了一些蚕，可一天天过去了，蚕蛹只是冒了一点头，小孩看着很着急，觉得蚕蛹肯定很痛苦、很折磨。终于有一天，小孩一剪刀把那只蚕茧剪破，想让蛹很快出来，但几天后这只蛹就死了。这小孩还不懂得成长与磨炼的道理。

人的成长是要有提升阶段的，对自己要不断有新的压力。人要是不升级的话，脑袋就会麻木、迟钝，我们就会成长不起来、就会落后。

人有很多阶段，从小学到中学再到大学，一旦不学习就会停顿在那里，就没有进步。而不进步，人的思维则会像热水瓶胆上的水垢，沉淀、淤滞在那里。

如果没有新陈代谢，躯体的生命就结束了；心灵如果停止成长，精神的生命就结束了。知识经济时代的核心就是更新、升级。由此身边的一切，都在悄然、迅速地升级，可是我们大脑的内存升级了没有？唯有不断成长，才能适应变化。

我有个亲戚，也是我的同学，几乎从我创业开始就跟着我干。他人很聪明，但就是小聪明，不踏实，所以这么多年了，小的进步会有一点，就是成长不起来。如果和一同起步的人的成长相比较，他的能力已经落后很多了。

这里我又要讲个故事了，讲一个深圳的打字小女孩的故事，这个故事我从一部电视剧中看来，但人物肯定有许多原型。

故事讲这个小女孩大学毕业，到一家企业去打工，做了一名打字员，于是整天打文件。但她总在寻思，这工作就像抄书，不能了解事情的经过，也没有互动。于是积了一点钱后，她就自己买了台电脑，放在宿舍里，把不紧急的文件带回去晚上打。白天有了空隙时间，她就去找销售部的经理，说："我能不能来这里倒倒茶，做点打扫卫生的后勤活？保证不耽误打文件。"经理当然高兴了，说："好啊！"小女孩就开始在销售部干起后勤来，因为听得多了，又可结合到自己打的文件，她销售方面的知识渐渐积累起来。

过了一年，销售部缺少业务员，小女孩找到部门经理说："能不能让我来试试呢？"经理正为缺人犯愁，说："好啊，你先试试吧。"

于是她就兼做了业务员，因为已经接触过业务，又用心，很快她就上了手。半年后，她不再打字，而成了一名优秀的业务员。

又过了两年，业务经理出国了，这个岗位谁来顶呢？小女孩找到总经理，说："能不能让我挑战一下经理的岗位呢？"总经理也正在犯愁，再联系到她成长的业绩，说了好。其实通过打字，小女孩积累了法律、行政、管理的知识，终于走上了领导岗位……

又几年过去了，小女孩从起步到此，她已经成为三家企业的老板，其中一家收购了她原先工作的公司。

成长让生活更美好，通过付出才能给自己创造机会与未来。我女儿大学毕业刚上班不久，我问她工作得怎么样，她埋怨工资太低了。我对她说："关键要锻炼能力，能力就是未来的工资，学到的工作能力才是你最大的工资啊！"

职场上有很多规则，也有很多成功秘籍。但无论遇到什么样的情况，不管用何种态度去面对职场生涯，勤奋都是走好路的基础。1996年福布斯先生来上海，《解放日报》记者采访他："福布斯先生，您研究财富50年了，那财富创造者的共性是什么？"他回答说："有4个共性：梦想，勤奋，勇于接受批评，跌倒了再爬起来。"我也讲过，人的成长要靠内心的动机驱动，梦想、目标、兴趣、成就感都是人的内心动机。

Q：人的成长需要开发，成人要自我开发，小孩要靠家长或老师去开发。

C：我培训孩子，他们小一点的时候就是看电视剧，《少年包青天》、《大宋提刑官》等，借助这类形象教科书，培养他们的逻辑推理能力。现在我要求他们多学金融，因为这是一门融合政治学、社会学、经济学的大学科，是企业生存、发展的工具。

红星美凯龙与美国华平投资集团合资后，我发现美国的管理就是相信，对下属、团队都很信任。那么，对孩子也放心、放养，这样当然利于成长，但监督、自律不够，孩子也会变懒、变散，还容易犯错。而中国的父母逼孩子读书，管得严，扶着走，但同时也培养了勤劳的品格。两种文化要互补借鉴。

Q：孩子的成长是需要催发的，要激发其成长的欲望。缺乏成长的欲望，其实也就是前面讲的恐惧成长，其实这背后是依赖感。做"小孩"很愉快，无忧无虑。

C：对。匈牙利教育心理学家拉斯洛·波尔加，在20世纪60年代提出了"伟大人物是后天培育而非天生"的观点。为此，他公开寻找愿意和他结婚生子的女子，之后找到了来自乌克兰的女教师克拉拉。

拉斯洛和克拉拉很快有了一个女儿苏珊。苏珊4岁时拉斯洛就开始了他的实验。拉斯洛决定让苏珊成为一名棋手，原因据说是象棋学习进度比较明显且容易测定。此后，两人全心教苏珊下象棋，他们另外两个女儿索菲亚和朱迪出世后，也被放进这个计划。孩子们接受的教育主要是象棋教学，结果苏珊 19 岁时与两个妹妹组队参加了女子奥林匹克国家象棋赛，并打败了苏联队，21 岁就成为了获得世界象棋大师称号的第一位女性。不久后，15 岁的朱迪也成为国际象棋大师。

应该没有理由说，拉斯洛和克拉拉把象棋能力遗传给了女儿们——拉斯洛仅仅是一个平常的棋手，克拉拉则完全不会下棋。这些孩子们的成功，只能归因于她们多年高强度的训练，当刻意练习积累到非凡程度时，必然会产生非凡的成就。

人成长的问题主要是两个：一是成长的意识，或者说强烈的成长欲望；二是成长力积累的因素。具体的成长途径也只有三条：一是工作中反复思考，精益求精；二是让新的知识和社会实践经验补充自己；三是多学专业知识，并与工作联系，尝试。

Q：《蜘蛛侠》的电影里有句台词："能力越大，责任越大。"成长其实是责任的产物。生活的美好，一定取决于对成长的强烈渴望和义无反顾的成长历程。

我的成长靠"先苦后甜"的价值观

C：我自身的成长，应该是从一个有关价值观的真实故事开始的。我 14 岁那一年夏天，6 月份的时候，乡人都在插秧。因为我老家在一个很偏远的农村，当时插秧就要把秧挑过去。那时候没有三轮车，也没有拖拉机，更没有插秧机，也没有石子或水泥路。我帮母亲去挑秧，在那泥土田埂上挑来挑去。一路的还有一个老爷爷，他当时已经74岁了，还和我一样在挑秧。那天还下着雨，泥地是滑的。我虽然14岁了，但100斤的分量在肩上，还是感觉很累，但我当时最主要的感觉是这个老爷爷更累，由此我联系到自己。

难道我会像这个老公公一样74岁还在挑秧、还在那么辛苦地干吗？当时我就暗暗下定决心：我这辈子一定要先苦后甜，不然就玩完了，这辈子就没有意义了，不管怎么样都要坚持一下。为了我今后不像那个老公公一样，一辈子在干苦活，一辈子在挑秧。因为他74了，我14岁是吧，你想想看，我当时想，假如我不努力，也许我也要挑60年地秧，对不对？我不能总那样干。从早上干到晚上，一天要13个小时，挑来挑去的，真的吃不消。

Q：人的成长往往在于一个很微妙的具体的触动。找到了简单的人生价值观，就会认定人生应该怎样活，怎样活得有意义。

C：早年我给老家常州的一家木厂做家具，数量多，但价格很便宜，连看门老头都称我"车戆大"、"十三点"。"十三点"是什么意思？就是一个"痴"字。但我凭的就是这种痴迷和执着，成为了技能的"十三点"，努力积极的"十三点"。

回想我从一个小工地的小男孩到现在的中青年，一路走过来，取得今天这点成就，没有太多的原因，就是实干。没有多干少干，只有干与不干。干是为了积累，但必须要巧干！具体我也分析总结了四点，刚才讲的那个故事，其实就是第一点——"先苦后甜"的价值观。在这个价值观基础上，就会特别注重在工作中先付出，会特别注重知识和各种营养的吸收。

我 18 岁在西安做木工，每天单做木工 2 元，做小工 4 元，别人是抢着做，我心里也想多挣点，但还是没做小工，想有点时间学技能、知识。

Q：所以你多次讲，学习是站在巨人的肩膀上。知识才是生命、智慧，读书多，会带来思维的开阔。

C：智慧＋工具＝力量。1993 年的时候，我偶尔去苏州的一个电视机厂的于厂长家，记得他当时给我讲了六个字：计划、组织、实施，和一句话：每天读一小时书。我吸收了，并由此懂得了上兵伐谋，开始注重企业的战略，同时坚持每天读书一个小时。

第二点是思维方式的正确加独到。而要做到正确，就是抓事物的本质；我的独到就是结果导向思维。

第三点是行为方法，除了全身心的投入，重要的是认识危机，改变机制。所有认识在实践中感悟，寻找理论，善于实践总结，再形成理论，再指导实践，再循环、反思、层层分析。

人生，尤其是一个男人的成长，需要磨难，当然也需要理想支撑的化解磨难的能力。经历过的磨难，会让自己战胜另一个新的磨难。人成功了，就会有些飘，沉不住，磨难会让你沉下来。每一个磨难来时都让人以为很难度过，其实它也就那么回事。

人想调整自己是很困难的，尤其是靠自己调整，但要成长，就非调整、改变不可。磨难便是客观上对主观的挑战。

到现在为止，我最大的困难就是调整自己，因此我就多用外部力量来战胜自己。

我研究过很多人，用自己内部力量战胜自己的很少。所以说，我们要善用外部力量，通过外部力量的冲击，帮助自己成长。

有朋友问过我，为什么现在还这么拼命地干？我想，除了责任，最大的理由还是挑战。行业上不公平的竞争在刺激我，这个情结使我不能停歇，甚至多次不顾身体，冒着危险奔波。

Q：在经营上，你就是靠了先"顺势"，后"借势"，再"造势"的"二势论"，并且"先造形，再造势"，巧用外力赢得了成功。

工作才是好生活的捷径

Q：从创业开始，你给人的印象就是一个纯粹的工作狂，从来都不知道享受生活。但近年来，我发现你已经有了非常大的变化，关于生活的面很广，话题也很宽。

C：但我首先还是热爱工作的。我认为，工作就是生活。工作是痛苦的，生活也会是痛苦的。做热爱的事、感兴趣的事，才是幸福。

我真正的生活，是从工作开始的。16 岁进城学做木匠，20 岁就开始创业了。

人最终的落点是生活，因此许多人觉得生活比工作更重要。我不喜欢把生活与工作对立起来，它们不是人生的两个点，它们其实是一个不可分割的整体。工作的结果是生活，工作的时间也是生命的时间。热爱工作，才能更好地生活。

人人都在追求美好的生活，那好生活哪里来？不会自动从天上掉下来，如果说有捷径，我看只有一条，那就是工作。工作是最能出智慧的地方。工作有情境、有互动，90％的智慧感悟可以说都来自工作实践，10％来自生活体验。书本的学习只是学到知识，香港科技大学吴葆之教授说："创业更应该是一种经验。"这个经验就是靠工作实践得来的。

人的生活有三方面：一是肉体生活，温饱、食色；二是物质生活，你所拥有的生活硬件；三是精神生活，那就更丰富了。但不管哪一面，都要靠工作来得到。尤其是人的精神生活，一定是从你工作经历中提炼出来的。不管是怎样的工作，首先在于你工作的状态。

工作的状态本质上又取决于价值观，大的价值观有立德、立功、立言。我早期的价值观：一是做有价值的人；二是靠自己；三是不依赖；四是有理想，对社会、家庭有贡献；五是先苦后甜。价值观与目标统一了，就会懂得先苦后甜的工作真理。现在这两条都已成了我们红星企业文化的精髓。而这样的工作状态，才能成为好生活的捷径。

Q：工作才是好生活的捷径，我很赞同这个观点。过去大部分的论点都误读了工作，也误读了生活。现在把它们打通了，会发现工作的许多乐趣。

C：对立是错误的。不懂生活，就不懂生意，因为顾客就来自生活。所以我今天就多谈一点工作上的感悟吧。

生意是什么？我早讲过，生意就是猜，猜，猜！正所谓"唱戏的腔，厨师的汤，经商的猜"。过去商人用算盘，现在商人要用心理学啊！

猜什么？猜人心，猜事物，猜未来。因为我们做生意，是追求我们和消费者之间的共同点。政治是做同心，宗教是做共鸣。做生意，我们就要学会了解和判断消费者，也要与他们形成同心、共鸣！

Q：红星的企业文化里，引用过歌德的话："如果工作是一种乐趣，人生就是天堂。"这其实就是把生活与工作融合在一起了。

C：我也说过一句话：如果对工作没有兴趣，人生就是地狱，因为你会麻木、累死。其实这讲的是一个主动工作与被动工作的关系。这两者之间的区别实在太大。投入才会进入情境，进入情境才会产生情感，对事物有情感才会有灵感。我在和大学生交流的时候讲工作兴趣，讲了 3 个小时。

被动工作就没有主动性。做工作要靠大脑考虑，不能我让你一二三四这样干，你就一二三四去干。你要想为什么要这样做，为什么其他的方案不考虑，还要去考量这个方案对不对，如果不对，就要和别人去讨论，不能够被动地去工作。

工作不能够没有弄明白就去干，一定要弄明白、融入进去再去干。生活也是如此，凡是糊里糊涂混日子的，就绝不会过上好生活。

中国人的平均年薪是 2 万元人民币左右，美国人是 30 万元人民币，而中国人的成就感指数却比美国人要高，工作兴趣、工作动力都比美国人高。因为中国现在处于成长的进程中，成就感、工作兴趣都主要体现在成长的过程中。中国现在的竞争力更具竞争力，工作更充满激情与成就感。

Q：成长的过程中，兴趣是在建立阶段的，这个阶段的兴趣最高。这时候的智商和情商也都是最高的。

C：情感的建立有时候还不一定来自获得，而更有可能建立在付出上。工作就是很好的标志。建立在付出上的情感更高，关键是要有热爱。不热爱工作，也就不会热爱生活，就只是活着，时间会很难熬，人生就是痛苦的。

"用肺工作"是精神力的凸现

C：前一阵，我约了上海工商银行营业部的徐晓萍总经理在西郊宾馆会面，我们轻松地聊着。突然，她的手机响了，大概是客户打来的。让我惊异的是，刚才还谈笑风生的女行长，瞬间完全变成了另外一个人。她神情非常严肃，讲话的声音也很响，还伴有激烈的手势。可以听出，她是在讲有关一些矛盾处理的事情。让我从惊异变成震撼的，是她那种调动了几乎所有能量的、全身心投入的、彻底忘我的状态，及因此形成的强大气场。临走时，我对她说："你是用肺腑在说话，叫'用肺工作'。"用肺工作是超激情，是十二分，用心工作还只是十分。

有的人智商很高，情商也很高，也很用心，但没有大成功，凡事总好像差了口气。差的这口气，就是精神力之匮乏。而"用肺工作"，气场完全不一样，是一种精神力的凸现。

"用肺工作"，用的是肺腑之言，最具穿透力，最能打动人，最能达到深度共鸣，故而称"感人肺腑"。

Q：人不光是血肉之躯，更是精神之躯。缺乏精神力，就会患"软骨病"，就将远离成功。

C：精神力，是成功之树的主干。如果我们要把成功的结构图解出来，那它很像一棵树的形态。我们的大脑神经系统是树根，它是指挥智商的，也可以说智商是树枝；那情商就是树叶，对外吸收阳光，得到他人帮助，也可以说它是我们的认知系统；而精神力才是这棵大树的主干，是心肺联动的总枢纽。

Q：被美国学界称为"思想巨匠"的史蒂芬·柯维，他发现人天性的四个重要部分是身体、头脑、心灵和灵魂，与这四个部分相对应的是我们大家都拥有的四项基本能力或才能。但人除了 PQ（体商）、IQ（智商）、EQ（情商）之外还有一个更重要的精神才能 SQ（灵商）。他说："精神才能是所有才能中最中心、也最基本的一个，因为它为其他三个提供了指导，代表了我们追求生活意义和与'无限'联络的动力。"这个精神才能，应该就是精神力吧。

C：围棋大师吴清源每次迎战日本棋坛顶尖高手前，他都要诵读一遍老子的《道德经》。结果他战胜了所有的对手。他说："我的对手全是日本棋坛杰出之士，就棋艺而言，我与他们几乎没有差别，之所以屡屡获胜，全在于精神因素。"正是《道德经》"无为、无我、无欲、居下、清虚、自然"的思想，使他排除贪胜之心带来的干扰，发挥出最高水平。

解析精神力的元素，就是研究精神的力学。精神也是要吃饭的，否则精神就会折旧。而精神充实了，它会产生超乎寻常的力变，并且会决定人的思维模式。那究竟何为精神力？我觉得大致由以下几个方面构成吧。

精神力是分级的，基础是自信、自强、自立、目标、热情、坚持、积极、事业心等；中级包含气势、气魄、气概、激情、胆识、勇敢、挑战、毅力、正义等；高级是理想、愿景、信念、信仰、超激情、超狂的热情与梦想，以及成就感……

首先我想谈一下激情这个概念。作为精神之躯的人，人生的阳光营运主要养料就是激情。抗美援朝时，我们的装备条件很落后的志愿军，怎么能打得过武器精良的美国兵？靠着就是精神力的激情与正义。你想现在我们一听到"雄赳赳、气昂昂，跨过鸭绿江"的歌声，居然还是会那么热血沸腾，深受感染。

激情从何而来？压力产生激情，强烈的愿望产生激情，志同道合产生激情。激情的能量又何在？激情开发潜能，开发智慧，它让你精神饱满，斗志昂扬，集中注意力，集中力量去快速反应、快速行动。

磁铁具有极大的磁力。激情也是有磁性的，它会产生巨大的磁场。我记得自己早年，看到钢铁大王卡内基的传记，心底里就涌起一股气，我想做家具大王。正是这种激情，让我战胜了许多创业时的困难。

Q：有人说渴的时候，恨不得把海水都喝掉，这是超激情。激情确实是精神力非常重要的元素，我们可以想一下，大凡古今中外成功的事件，几乎很难找出与激情没有相关的例子来。激情还会带来勇气和胆识。

C：身处风云变幻的社会，成功者更需一种超越书本、超越时空的胆识。我称之为"识胆"，建立在见识基础上的胆魄嘛。说白了，就是要有那种大气候未成，就能站高望远、预测未来、超前决策、抢操胜券的远见。一个有远见的人，能从现在看到未来，能从眼前的工作看到自己未来的前途，看到能力提升的价值。价值的力量又拉动自己前进的激情。

激情特别会增强你的勇气，勇气增加力量。勇气还是开发我们潜能最重要的一个因素。对于困难我们有时候要藐视它，有时候要重视它，但藐视不代表不重视。勇气会分泌荷尔蒙，集聚元气、宗气、怒气和憎气，让你心肺共动——这是激情的最高状态。

从小，我就觉得自己是个有用的人，从没想过做事情会输给别人，别人能干好我也能干好。我记得我当年盖商场的时候根本就没有钱，账上只有 100 万，实际却需要 1000 万，但我从没想过这房子会盖不起来，一下子思路就打开了。

Q：有两位国外的学者，叫丹娜·祖海尔和伊恩·马歇尔，他们合写过一本书。书中指出："SQ 不像 IQ，因为计算机也具有 IQ；也不像 EQ，因为高等哺乳动物也有 EQ。SQ 是人类所独有的。我们利用 SQ 来开发我们对生命的意义、愿景和价值观的渴望与追求的能力。它驱使我们去梦想，去努力奋斗。它是我们采取行动时起指导作用的信仰和价值观的基础。从本质上来说，它使我们成为真正的人。"

C：对，还有就是信仰。信念是目标、理想、愿景、能够实现的目标；而信仰是信念的升华。

星云大师就讲过："信仰是人生的目标、轨道。有了信仰，可以找到自己、明白自己、发现自己。因此，我们什么都可以不拥有，但是不能没有信仰。"

前不久我看了一本书，书名就叫《信仰》。书中讲到抗战时期，一个娇弱的富家女本可在世俗的安稳中流连生活，在平庸的生活里享受生命，然而她选择了抗日救亡的道路，最终在经受了敌人的严刑拷打之后，从容地选择了死亡，为世人展现了充满理想与信仰光芒的珍贵品质。

对于一个弱不禁风的小女孩，她的信仰与价值观，我们可有几种假设：一，因为家境好，依靠父母，吃吃喝喝过一生；二，勉强把家业维持好；三，通过勤奋努力，将家业继承和发展；四，有大的事业心，认为强国之路，匹夫有责，选择与日本鬼子作斗争。这位女孩的选择，让我感觉非常敬佩，真的读到了"信仰"两字。她自己认知有意义，就是信仰，就留下了那段时间的价值，和永刻在她心中的价值。所以我立志要打造中华民族的世界商业品牌，这也是我们红星美凯龙现在的信仰。

卢梭讲过："没有信仰，就没有真正的美德。"有信仰的人，就会坚定自己，创造辉煌；而缺乏信仰的人，对任何事物都会抱有恐惧、怀疑，绝对不会走得太远——信仰是最大的精神力！

做强技能与当代青年的归属感

Q：听说你最近看电视剧《北京青年》有许多感慨。

C：是的，电视剧里讲的何家四兄弟，是这个时代青年的缩影，他们聪明、见多识广，但又有许多迷茫。对大学教育的迷茫，感到学无所用，"牛顿方程"不能带来工作、房子、财富；对社会道德的迷茫，一面躲避崇高、怀疑传统，一面渴望社会有良好的道德风尚；对爱情的迷茫，非常渴望爱情，却没有能力处理好爱情；对前途的迷茫，信仰的缺失，创业、就业的压力……对未来的迷惑其实很普遍，这种迷茫与处于经济青春期的中国、与快速增长和情绪波动的时代背景不无关系。

网上有青年提到："没有目标，不知道自己想干什么，对什么活动都没有激情，没有兴趣。"也有说："每天都过得浑浑噩噩，不知拿什么来充实自己，每天心里空荡荡，不知现在要干什么，也不知道以后要干什么。"既不想努力，也不知如何努力，就此迷茫着、浮躁着……很多人为了赚钱努力，但不为自己的技能提升努力，因此而变得很空虚。

Q：你当年也是创业青年，有许多可以分享的体会。那当下的中国青年，该如何走出这段迷茫，找到心灵的归属？

C：我开出的药方是——确立做强技能的价值观！

做强技能，无论具体做什么，每一项都要求工艺精美。就像激光一样，把心聚焦在一点上，对事和物专注研究、反复思考、反复实践。技能多种多样：生产、营销、服务、行政、财务、研发、工艺……每个专业岗位都对应一门专业技能。但只有在市场中可以与人竞争的技能才是"有效技能"。

以我们商场楼层管理人员为例，其专业技能主要有：顾客技能。与顾客深入交流，体验顾客的体验，感受顾客的感受。再有，产品技能。熟悉家居产品等，均要反复思考、深入分析。越深入状态越佳、技能越佳，对岗位越有感情。进入这种状态，迷茫自然烟消云散。

不仅如此，技能还是一个重要纽带，通过它可以交到相关专业的朋友（不是那种吃吃喝喝、没有正向交流的朋友），有共同语言，能相互提升。良好的精神状态和正能量的朋友会带来幸福感和启发！

做强技能除了产生价值之外，还会带来诸多的附加值。

做强技能就是快乐。从心理学上讲，迷茫就是浑身的精力不知道用在什么地方，就会产生茫然感、不适感。为什么年轻人特别容易迷茫？因为他们能量尤其充沛、过剩。

当你投入地钻研一项技能，内心就有了方向，精力就有了去处，专注使你变得安静、踏实。技能的提升，伴随着成长的喜悦、内心的快乐，伴随着激情和干劲，精神面貌将迥然不同。

我有个助理，当年是文艺青年，也曾漂泊、迷茫过。自从他潜心钻研、喜爱企业文化和工作后，他找到了自己的定位，找到了自己的价值，也找到了内心的充实和快乐。同时，因为这个文化强项，也赢得了在公司的一席之地。

做强技能就是专注。iPad、iPhone 之所以大受欢迎，源于它们与众不同的外观、超炫的界面、人性化的操作、特立独行的风格、多点触摸技术等，其背后是对每一项技能的精益求精，是对消费体验的极致追求，是高度专注技能的完美结晶。

我发现刚走上工作岗位的大学生，往往注意力放在领导，甚至上级考虑的"大事"上，不肯做小事，觉得太容易，不愿深入进去……这正符合了目前社会上很流行的一句话："吃的是地沟油，操的是中南海的心。"好多人喜欢说政治、说天文、说奥巴马、说普京……但很少讨论联系自己吃饭的技能、本职的知识。我的建议是，做大事要举重若轻，做小事要如履薄冰。干一行、专一行、爱一行。特别需要坚定自己的专业和喜好，抵御外界的各种诱惑。

做强技能不完全是追求经济效益，而是在技能上找到心灵的归属。目前社会上很多人不是为技能提升，而是为赚钱在努力，这实际上是职业荣誉感淡化，功利思想滋长，最终必定导致精神的荒芜、心灵的空虚，而且赚钱也少。所以当今社会，强化职业荣誉感势在必行。

做强技能就是成功。就像《三个木匠的故事》里讲的：第一个人说，哎呀，我这辈子只能当个木匠了，于是他浑浑噩噩地做一天和尚撞一天钟这么过日子；第二个人说，我既然没得选要做木匠，我就踏踏实实地成为一个好木匠；可第三个人说，我真幸运，我能够做木匠，我要像艺术家那样来规划木匠生涯，把每一块木头变成艺术品……最后第三个木匠真的成为了伟大的艺术家。把工作当谋生手段的人，一辈子都在为生计奔波；只有把工作当艺术、当创作的人，才能最终成就自己，硕果累累。追求技能的完美，意味着潜能的释放、自我的实现。

据报道，一个下岗女工，待业在家。她一门心思钻研做饭，一门心思钻研园艺。她做的饭特别香，种的植物特别美。邻居闻知，上门讨教，她悉心传授。于是一传十、十传百，周围人纷纷向她取经、学艺。渐渐地，整个社区的饭都做得特别香，整个社区的绿化都特别美。于是，引来了电视台采访、媒体关注，引来了投资者，后来她拥有了自己的饭店和园林公司，成为亿万富豪。

做强技能，其实质是把品质做好。例如，从桑叶、蚕茧、纺纱、印染、设计、剪裁、缝纫到成衣，从单项产品，到组合产品，都精益求精，追求卓越品质。这样品牌声誉鹊起，在市场上、国际上自然就有竞争力。

Q：说到青年的迷茫，这不是中国的特色，不是我们的专利。在经济高速发展、文化急剧变革的时代，许多国家的青年都曾遇到这种迷茫。

C：20世纪五六十年代的欧美青年，也曾集体迷茫过、探索过：精神的归宿在哪里？嬉皮士、性解放等运动，都曾经风靡过，但都行不通，他们被称为"垮掉的一代"。

现在西方很多地方的人，每天晒太阳，无所事事，但以德国人、瑞士人为代表，最终走出了迷茫。方法很简单，就是潜心钻研一门技能，一丝不苟，精益求精，追求技能的完美、精湛。哪怕是一个小工坊，也搞得很精致、很有味道；哪怕是一个家族传承的品牌，也追求精细化、个性化。专业精神会带来幸福感，会填补精神的空虚。

做强技能的价值观，包含了职业荣誉感。在一个良好的社会，只要把本职工作做得近乎完美，就会得到充分的尊敬，自己也能体验职业荣誉感与幸福感。追求最出色的技能已是每个岗位的职业道德。

Q：根据环球网公布的调查结果，中国 37.3% 的网友认为德国是"牛气十足的工业制造国"。实际上 125 年前，"德国制造"的标牌，还是英国人故意贬低德国商品而设计出来的，没想百年后成为了掷地有声的高质量品牌的象征。

C：德国制造当时是伪劣产品的代名词，但在百年起伏中走到现在，靠的是勇敢接受挑战，在开放的竞争环境中做精做强，以高质量制造业为本。德国大众的一名工程师说："质量是设计、制造出来的，不是检验出来的。"

当今时代，一定是往"精细化"、"高技能"、"精致品牌"的方向发展，所以做强技能，不单是对个体的救赎，也是对整个民族的救赎。科技的基础是技能，创新的基础是尝试，创新发明的灵魂是勇敢和挑战。技能是人和社会的枢纽，技能是构成社会的肌腱。任何一件大事，都是由若干小的技能组合而成的。做强技能不单能解决精神的迷茫，同时也能创造价值，奉献社会，满足物质的需求，对治时代的浮躁和短视。全民技能提升之后，其共振、复合效应，必定推动创新的发酵，促进变革与发明。

当然，解决归属感的途径可能不只一条。但我还是觉得钻研一门技能，更简单易行。这样既解决了苦闷，又解决了生存和发展，也符合社会的进程，一举三得。

即时分析为能力之王

Q：你曾说过，不分析大脑就会飘，我很认同。近来你又经常提到"即时分析"的话题，那么何谓即时分析呢？

C：人的能力为什么低下？很关键的原因就是他平时对事物、对人不善于观察和分析。真理是怎么来的？是分析出来的。一个人心智的技能是什么？就是即时分析与即时联系的能力。

分析与联系大家都知道，但它的奥妙在于即时性和同步性。就像一只非常精密的瑞士表，几十个大小齿轮是在同时同步转动的，而且互为联动。同样，当我们观察事物、启动大脑时也应该开动全部，而非光启动眼睛。不一样的人，启动的"齿轮"不一样，所以人的能力，和能力带来的结果也就完全不一样。

我创业时很崇拜台湾的企业家王永庆，现在都还记得他的一个故事：早年有一天，他去公司，看到三个女工正修整草坪，但剪得很不认真，他就非常生气。但他随即进行了联系、分析，原来女工的工资太低了，心里有怨气。于是，他当即决定将割草女工的工资提高50％。几天后他就发现，50％的工资带来了翻倍的工作效果。这就是即时分析的结果。

我们还要勤于在产生结果后分析，同时又要用好原始的素材。这样养成的习惯，会让大脑变成立体的，并且成为素材库。这样越分析，就越容易调动素材，越容易形成三维记忆。

Q：善于即时分析，观察就仔细，过程还会联想、思考，是一种情境触动，或者说是互动。

C：即时分析，分为即时提问和分析。即时分析有场景、有情境、有故事，可以帮助分析和联系。譬如说，在宴席上，上来一道红烧甲鱼，味道很好，但我们不能光是品味，还要即时分析呀！可以分析为什么红烧比白灼好，蒜是否是为了去腥去土味。还有它的调料、搭配、火候，都可以分析出来。进入情境，它就会形成三维记忆，是立体的，容易记住，而平面记忆往往是模糊的。

我们都开车，那来分析一下为什么容易出车祸？高速公路为什么设定每小时120公里的上限车速？从社会方面看，中国汽车的车况较差，还有很多破旧车(卡车没有全部集装箱化，不像欧美，已经全是集装化运货物)；从心理学方面看，我国限速 120 公里／小时，超过，人会紧张，稳不住，容易因惊恐导致手忙脚乱；从生理学方面看，如遇紧急情况，生理反应可能会慢 1 秒；从动力学方面看，140～160 公里／小时不易刹住，把控不住车就会打偏、失控，导致撞车，甚至翻车，120 公里／小时一次可以刹到 80 公里／小时，就不会那么惊慌，而 140 公里／小时或以上，就只能刹到 100 公里／小时。这就是分析，而且分析也要积累和储存，下次分析还能调动素材。积累少了，分析就难以开始。

再分析一个男人为什么要戴领带。领带的起源只是一条布。我分析领带的功能：一是白领要护喉护丹田，二是礼仪的庄重感，三是整洁精神的衬托，四是艺术的美观。

Q：观察仔细很重要。"境"是环境，"景"是景象，眼睛是照相机。那么照相时，还是需要"即时分析"的心智技能做基础。

C：重要的要多看，相关的也要关注，关键是有目标。没有目标，就不会去观察。大脑既是贮存器，又是分析机。技能高的人就是分析师、高级分析师，可惜现在我们还没有给人文科学的分析师作出评定的标准。

要特别注重与自己职业、专业相关的信息的分析。譬如学生，首先要多分析与功课相关的信息、学习方法的信息，也要分析不良生活与优良生活的信息，促进自身健康成长。

所有的精髓都来自分析。在果中找因，在因中找果；在因中找联系、找为什么。我们学数学，就是学解析结构的能力；学语文，要学思辨、比较、认知、辩证、判断。我去哈佛大学进修，学的重点就是案例分析，并且是即时分析。老师拿一个案例来提问，大家马上要解答。每个同学都要讲，讲述自己的分析和联系。首先是培养能力，同时也参与情境和增强记忆。

重点是必须反复分析几次。一般我对重大事件的反思分析要十多次，乃至几十次。它可以帮助记忆，并能进一步完善，和再进一步搜索相关的信息。即时联系和即时分析，还可为后面的深度分析打下基础。没有分析，也就没有总结。分析还有框架分析、分解分析(像物件的零件分析那样)、分子分析。

经营的专业本质是什么？我说就是判、判、判！判就是分析后判断，分析明天、分析未来、分析未知的世界。其实商业世界里，永远没有今天的生意可做，永远是做明天的生意。那明天是什么？明天是展望设计出来的。

我们做商场，为什么要做高档商场？不是我们要做高档，而是老百姓开始要求高档了。人的物质文明到达一定程度就要追求精神文明，我们国家又是礼仪之邦。做生意为什么一定要判断未来？只研究现在，不研究未来不行。未来的导向产品是什么？热销产品是什么？一定要研究、要判断，一定要找到关系的共同点。这跟生活是同理的呀！

分析别人的事物和案例，以增加阅历。每天分析案例30个，相当于经历他人经历的3天，一年就相当于三年。而体验了自己，分析了自己，一天又相当于两天。这样叠加，一年就变成六年。分析多了，就会积累经验，第二年积累的素材会更多。

即时联系相关因和素材，把有用的因和素材试组合一下，再进行逻辑推理，分解解析。如能这样不断地循环往复，会养成一种自动性的习惯。

Q：学过美术的人都知道，美术有一个基本功就是写生。到实地去，对着大自然，或一山一水，或一草一木，把它们即时勾画下来。既是训练观察和表现的技能，也是积累素材，强化记忆。

C：即时分析与即时联系，就是大脑的写生训练，心智技能的训练。

现在，这种训练对我而言已成为习惯。譬如有次我去虹桥机场的路上，看到一块交通指示牌被很怪地撞偏在一边，我就马上想：这块指示牌为何是往后倾斜的呢？瞬间我就分析出来了，它一定是被卡车从前面撞了，但倒车时又把它朝后拉了一把，所以才出现这样的角度……再比如到一个五星级饭店，大堂内摆放了一只很大的鱼缸，我又会当即联想、分析，它的审美、位置、色彩、品位、对顾客心理的影响——鱼缸的5个知识点马上就出来了。

Q：据说，曾国藩在考察一个人的时候，也有一个即时联系、分析法，就是考察分析这个人的志向与趣味。他认为：志向与趣味低下的人，往往安于现状，囿于世俗的陋规，从而越来越低贱污劣；志向和趣味高尚的人，往往向往先贤的辉煌功业，因此也就一天比一天高尚明达。人才的优劣智愚，由对志向趣味的即时分析便可以区别开来。

C：即时分析与联系的技能，不仅让你通过小事的细节观察，培养大事看准的能力，更可以练就人的大眼光，即眼界。如果不分析事物，眼都没有神，是观察的散光眼；而一旦进入即时情境，人的眼神会立体化、凝神、聚焦，才会产生专注力。

所以才说：即时分析是能力之王。

"三势论"是我的创业之宝

Q：创业早期，你一直对"孙子"、"三国"等书中的兵法抱有浓厚的兴趣，时常研读，并努力结合到经营管理上来思考，并自己总结了一个"三势论"。

C：对，"三势论"是我的创业之宝。

《孙子兵法》里面有个"势篇"，当年我反复看，知道了这个势的重要性。我觉得"顺势"与"造势"有个辩证的关系，当然这里面还包括一个"借势"。"势"的内涵真是奥妙无穷。

首先，我们可以把"势"理解成时势、形势，即大环境、大气候。应该说现在的时势是相当不错的，它给能人提供了无限的机遇。那么，我们就应该"顺势"，也就是通常讲的抓住机遇，把握机遇。

借势其实也就是善于借助外力，利用他人的资源，利用一切可以利用的事、物和因素，将它们化为自己的优势。至于造势，首先必须具备造势的勇气。

本田先生在谈到身处逆境的坚强品质时，就曾满怀激情地向公司的青年员工说："面对困难，意志坚定；打破常规，敢想敢干；发挥聪明才智，创造新的价值。"困难和挫折都会有，但一个有意志力的人就能将困难、困境，甚至危机都转化为机遇，这就需要学会"借势"，更要学会"造势"。

Q：你把"势"首先从宏观上来埋解，这很有意思，我还想听听你微观上的认识。

C：首先还是要利用、发挥好自身的有利因素。先从企业内部的经营管理上来讲吧。

《孙子·势篇》中讲："如滚圆石于千仞之山者，势也。"还有："故能择人而任势，任势者，其战人也，如转木石。"这就是说，由于懂得顺应兵势，因此运用这些士兵时就像在高山上向下转动木石一般容易。这个理论如果应用到管理上来，就是要求企业领导者必须善于"识马"，遴选好"贤才"，并且对下属了如指掌，用人之长，容人之短；知人善任，适才其所。这样，才能指挥自如，充分发挥出众智众力。

但同时，这个"势"用到管理的权威上来，又如《吴子·应变》篇中所言的："三军服威，千卒用命，则战无强敌，攻无坚阵矣。""军令如山"就是对军队威慑力的比喻，也就是势。难以想象倘若制度不显权威性，部下对上司的话充耳不闻，视若无睹，这支部队能打仗吗？企业也是一样，成功的领导者有赖于充分发挥管理权威。在事情未作决定前，让大家各抒己见；而一旦决策后，领导者就要成为一名坚定的指挥官，施展他的决断魄力，并足以令部属"闻风而动"、"雷厉风行"、"众志成城"，造成"令如山倒"之势。

再就是把广大的顾客和顾客的需求看作势，因此我们的所有工作都要围绕顾客转，以顾客满意为准则。离顾客越近，竞争对手就越远。

Q：那么"造势"呢？有人曾说你是"造势"高手，当然关键是要会审时度势。

C：造势首先要提升自己最专业的技能，就是造势的基础。譬如我们常说的"企业形象"、"企业文化"、"公关"、"谈判"等，也需要造势。一个企业，尤其是上了一定规模的企业，必须十分注意营造一种适合于企业发展的氛围。

　　造势并非人为的虚张声势，你得具备实力，你得对外部的、客观的东西有一个清醒的认识，然后作出正确的判断。这个判断，也就是你的经营思路。

　　现在我是真正体会到，不怕没有资金，就怕不会赚钱，这就是要靠你的眼光和决策了。决策对了，这个"势"便尤其要紧。比方给你的企业或产品起个名，这也很重要。当年我们定"红星美凯龙"，大家觉得响亮、简单，又容易让人记住。事实证明这个名字效果还是好的，这也是造势的一种。

　　如今的红星美凯龙依然借助了"三势论"的法宝，走进了"百mall 时代"。具体来讲：国家的改革开放到现在的科学发展观，使经济发展非常迅猛。就家居业而言，世界上 70％的产品都是中国生产的，我们要顺应这良好的大势。

　　目前城市环线快速路和地铁发达形成的商圈效应，加上高档住宅区密集，都成了我们可借助的优势。

　　为了造势，我调动了"陆、海、空"三军实力：商场一流的产品、一流的服务与二流的价格形成强大的陆军；商场一流的环境和外形，成为海派洋气的海军；再加上如全国性的爱家日活动、世博会民企馆的展示、央视大力度的广告投放，成为营销实力强大的空军……三军齐动，还造不出吸引无数顾客的必然之势吗？

　　Q：你讲得太形象了，可以看到，势的互动形成的大势，才是真正成功的造势，发展的速度才会飞快。

我的"三我论"

Q：昨天你讲创业与企业发展的"三势论"，取得了诸多成功；如今，当人的成长与成功成为你思考并实践的重心，你又提出了"三我论"，我觉得它非常有意义。

C："三我"指的是自我、自信、自能，这三者对于人的成长和成功非常重要。

所谓自我，就是要把公司和单位的事情，当作自己的事情。做每一件事，都把自己当作主角，而不是配角，这样才能创业成功。

因为，把事情做好了，积累的经验是自己的，创造的业绩价值也是自己的，别人会认可你，未来的价值还会更大，回报会更多。

现在社会上有一个词，叫"打工"，把员工称为"打工者"。我觉得这个说法很成问题，打工就没了自我的心态了，所以应该调整为"学徒心态"。我们过去都是徒弟跟师傅学，师傅会说："学好的本事是你自己的啊！"所以我们红星就不主张"就业"、"打工"的概念，因为就业不是事业，而强调"岗位创业"、"职业创业"。在职场上，你先学工种技能，再学管理和经营技能，这些都是做好本岗位的工作，实现你自我价值的技能。

Q：这个世界上，每天都在发生海啸、地震、火灾、战争等大的事件，我们往往很少去关心。但如果是跟自己有关的，哪怕是再小的事，也变成了大事。

C：几年前，公司在常州的仓库拆迁，几个管理人员前后奔走，但合理的拆迁补偿还是被别人侵占了。可是附近那些没有背景、没有文化的居民却争取到了。难道那些居民更能干吗？不是，只是因为他们要拆迁补偿是他们自己的事，日思夜想地去办。

所以说，如果把工作当作是为别人做的，你的潜意识里就不会投入、不够用心。如果当作为自己，就会迥然不同。而事实上，我们所做的每一件事，都是在为自己，而不是为别人。你以主角的心态去对待公司，最终你必定会成为公司的主角。

把公司当作自己成功的依靠，你就会背水一战。也会把公司当作一辈子相互依靠的共荣共辱的大家庭。

把公司的事情当作自己的事情，实际上也是一种自我超越。彼得·圣吉说过："人的能力的提升，就是对工作的投入和不断的反思、总结。"

Q：目光短浅，急功近利，不全身心投入，本质上等于丧失了自我。

C：再就是自信。自信的作用众所周知。它会穿透负面情绪的迷雾，让我们洞察真相，产生智慧；自信会减少因自我怀疑导致自身的内耗，因看到美好的未来而产生力量；自信会让我们从容不迫、处变不惊，产生强大的气场。

一个人的成就，绝不会超出他自信所能达到的高度。成功者在成功之前，总是具有充分的自信心，深信自己必能成功。自信的设定，就是自身没有退路，并思路清晰，看到希望。这样，在做事时他就能全力以赴，克服一切艰难险阻，直到产生业绩和胜利。

生活中，最可怕的就是"不相信自己"，这种毛病又是最难克服的。因为它是我们自己亲手挖的坑。自信建立在成功的经验之上，小小的成就感是人生的引擎。成功孕育着成功，成功是成功的成功力，一次小的成功可以成为巨大成功的基石。

《环球时报》有篇文章说："成功多了，中国人才能逐渐自信。"国家亦如此，可见个人了！而另一个重要的技巧，是养成记住过去的成功而忘却失败的习惯。

自信会带来更大的自信，当你肯定自己的时候，会激发出一系列新的个性：乐观、积极、开朗。而这一切都将有助于你获得更大的自信。

Q：可是，有些没有能力的人盲目自信，会不会也可能导致失败呢？

C：有些人是夸大了自己的能力，但适度的"盲目自信"有时也会开发出一定的能力。自信的人，看到机会敢积极主动地迎上去，能赢得更多的机会。而自信不足的人，在机会面前，往往踌躇观望、错失良机。譬如说清华、北大的毕业生，并不是真的高人一等，其实也就是在名校的光环下，比同龄人多了十分自信。

其实，一个人并不是靠"我的确是这种人"的事实驱动做事，而是靠"我就是这种人"的信念支配而行动的。虽然说自我感觉中含有虚构的成分，但只要自己深信不疑，就会起到同样的效果。所以我竭力主张，人要把自信变成坚定。自信要拔高自己30%，但与此同时务实要多付出30%，这一点至关重要。如果按照100分来预定，那应该抬到130分的标杆，重要的是你的踏实程度也要相应抬高，也要抬到130分才行。你的自信与踏实努力必须是配套的，否则"虚"掉了，是不会成功的。

Q：你这个理论很好，自信不够是"萎"，踏实不够是"虚"，人生努力也是一个水涨船高的关系。

那"自能"具体又是指什么呢？

C：自能，本身不是技能，是一种机制。但"自能"是能力之母，它能从中产生能力，孵化能力；它能充当能力的燃料，像核反应堆，拥有裂变或聚变能力。属于"自能"范畴的元素有：即时分析能力、成就感、绩效考核、竞争意识、好奇好胜、积极心态、学习、正义、自律、自强、自我激励、真诚、主动承担责任等。同时，还要多交价值观优、思维能力强、情商高、心态积极、比自己素质能力高的朋友。

这里，讲几个自能重点的元素。

不依赖、对事情负责，就会产生能力。比方说，中国过去几千年，男人18岁、女人16岁成家，上孝敬父母，下抚育儿女，成家立业，绝大多数人都很称职。但是今天18岁的男孩、16岁的女孩，生活还不能完全自理。这并不是说现代的年轻人比过去的笨，而是依赖心理导致的。自能的第一阶段，一定要做到别人能我也能。

同样的道理，做事时把自己当配角，总想着后面还有人替自己顶着，就不会把力气都使出来，就不会千方百计、全力以赴。如果把自己当主角，仿佛站在悬崖上没有退路，就不会逃避，就会正面迎上去，勇气和能力就会瞬间爆发出来！

所以，"自能"就像雷管，它会引爆能力。它是自己产生能力的方法。

竞争意识，会产生强大的动力。就像奥运会100米决赛，你与强者较量，就会全力以赴，激发出最大的斗志和热情！

绩效考核。如果没有绩效标准，就是凭长官意志评判，那下级就像是上级的奴才，没有自我，只是听话、听安排，员工就会变笨。实行绩效管理，能让员工主动起来，变得更勤快，积极开动脑筋，发挥潜能，得到真正的进步与成长。过程能力要靠结果效率来体现。

前一阵看苏联卫国战争的纪录片，其中有许多游击队，"天高皇帝远"，怎么管理和指挥？主要就是通过报功绩来嘉奖。我又联想到出租车，一个城市几万辆，天天跑在外面要怎么管？它也有一套科学绩效方法和制度。由此我发现绩效考核的重要，当即我就让人力资源部建立一个员工的"业绩档案"，层层报业绩，下级向上级报，很具体的，得有两个同级和上级证明，而不再是凭印象来考评。

成就感。工作中有一点小小的成绩，会令自己感到满足、得到鼓励；同时，周围人的羡慕、表扬，又会让自己对工作生起更大的兴趣和热情，逐步变成大的成就。就这样良性循环，小小的成就感会成为人生的引擎。

即时分析能力。即时分析是随时带着问题的思考，学以致用，联系实际；是攫取素材，在大脑里发生化学反应，产生创新和发明；是在情境中的联想，找到事物背后的因果关系、本质规律。能记住与工作相关的事就是自能，善于记忆也是自能的一种。

正义。正义的人可能会得罪人（那些心术不正的人），但会赢得有识之士以及大多数人的认同和拥戴，所以，他能团结人，集聚正能量的人气。正义的人，很少有私心杂念，所以他沟通直接，简单睿智，能够洞察事物的本质和规律。

真诚。对内是面对真实的自己，让自己的特长和潜能得到充分发挥和张扬，活出独一无二的真我；对外，真诚具有强大的感染力和渗透力。信任他人，善于帮助他人，理解宽容他人，能和他人达成深度沟通，用爱心去交心，赢得很多人的支持。　特别是要记住并分析自己说的话，兑现诺言。这些都是"双赢思维"下的高情商标志。

我看过一本书，叫《美国是如何崛起的》，于是我发现整个美国的国民就是从自我开始做起，因为他们拥有自信、自由、自我的民主目标。

总之，自能的核心是要热爱自己，激励自己，那自我激励的来源何在？我归纳了九条：一，回味过去的成绩激励自己；二，想象未来的成就激励自己；三，自得其乐的"阿Q精神"激励自己；四，以欣赏自己激励自己；五，目标愿景激励自己；六，调动怒和憎的正作用激励自己；七，用情和爱激励自己；八，用超越对手的决心激励自己；九，交心情好、心态阳光积极的朋友激励自己。

Q：在"自我"坚定的基石上，让"自信"的阳光成为强大的精神动力，再充分发挥"自能"之诸多元素。这个"三我论"将成为现代人成长、成功的真正财富。

硬币只有两个面

Q："硬币只有两个面"，这句话听上去像废话，但当你把它放到竞争，或者竞技的环境中转动一下，你就明白了。它确实只有两个面，一面叫赢，另一面叫输。

C：这里先讲一个"赢阳光的香樟树"现象吧。我经常在上海西郊宾馆的绿地散步，有天我忽然发现，那里的香樟树很奇特，一律向上长，有近 20 米高。内行的人知道，香樟树一般是往横里粗里长的，但这里的它们怎么会朝高里长呢？经过观察和思考，我发现了，因为它们排得密，每棵树都要拼命去争取那让它们成长的阳光！于是它们就努力去争取，去竞争，要"出头"呀！赢了，它们才能健康壮实地生存下去！

这个现象给我启发很大，现代社会做人、做企业也是如此。

我们红星美凯龙赢的是什么？赢的就是要争第一的思想。我们永远是第一，就没有想过要做第二。我甚至觉得美国在中国的家得宝是第二不是第一。我们今后要做世界的第一，包括我们个人也是这样，一定要不服输。不服输才会赢，也才能赢。

我的字典中只有第一，就是这个道理。你要有第二的思想，你就完了。你想要第二，一定就是第三第四，你要做第一的时候还有可能是第二第三呢。所谓"取法乎上，仅得其中"吧。

按照国际的竞争法则：第一名占份额的 50％，第二名可能是25％，第三名只有 10％，第四名是 5％，那第五名呢？只有 1％了，第六名 0.5％，第七名 0.1％，第八名 0.05％……最后，剩下的全在9.35％里面了，残酷吧？

这就是讲自己永远要把自己按在硬币赢的那一面，如果稍不小心，可能随时滑到输的一面去，那这一生就一定是输了。没有第三个面让你选择。

Q：奋斗的人生棋局是没有和棋的，生活之棋亦如此。

C：关键还在于你抓那枚硬币的心态。人赢也赢在心态，输也输在心态上。

积极心态就是想赢的心态，看到的都是希望和积极有用的面。这是开发智商的一个重要步骤。有了强烈的赢的愿望，才会开发出许多赢的方法。所谓"有志者自有千计万计，无志者只感千难万难"。

我们看到很多的光明事物，在没有办法的时候，积极的心态可以让人找到很多办法，消极的心态就蒙住了人的思维，这样人就容易变笨。所以我们凡事一定要积极争取，千方百计去争取。

比如说，市场不好的情况下，我们用积极心态就会有好的，甚至特别出彩的营销方案，积极的心态就是永远有办法。古人讲所谓"急中生智"正是这个意思。"急"的情境不要紧，但要有好心态，否则是生不出来"智"的。这才是所谓"情急之中，人的潜能释放不可估量"。

现在很多人说我事业成功了，赢了，但他们不知道我从小就认定自己会赢。刚开始创业时，其实我根本没有资本，但我认为胸中有钞票，到哪里我都觉得自己有钞票，没钱的时候，我在胸中就有百万的钱了。企业发展了，缺乏人才的时候，我心中也有百万大军。你说这样的心态能不赢吗？

Q：20 世纪 90 年代末，国外的建材洋超市进军中国，大家都觉得本土的建材市场要倒掉了，危难重重，但你不服输，并坚信一定会打败它们。1998 年起你就开始不断地呼吁、实践，将红星的家具建材市场创新、升级，打出自己提升品位、强化体验的牌，现在事实证明红星在中国已经赢了洋超市。

C：是啊，洋超市刚开始势头特别好，但我看到中国的市场完全有超越的优势，我们就下决心创新，创造了商场化管理、市场化经营和展厅情景化、购物体验化的"红星模式"，并不断升级到第八代商场。经过十多年的竞争，最初德国的欧倍德撤出了中国，英国的百安居已经关了20多家门店，美国的家得宝去年也关了两家，前不久家得宝宣布正式退出中国，原因是水土不服，仍照搬美国那一套，未针对中国市场作调整。

同样，我们在国内同行的竞争中，哪怕碰到不正当竞争，我们也要胜出呀，我还是以积极的心态，想办法另辟蹊径，用更好的方法绕到对方前面去，打超越性之战，运用心态来赢。

心态决定成败，智慧决定输赢，它会帮助我们摆脱自我的局限。人千万不能对自己设限。不设限，心中才一定有办法。

这里讲成长哲学，其实教育子女也是同理！如果你说"儿子你这样已经不错了"，那么儿子肯定比你差。因为你说这话，其实是消极心态。

在我和子女聊天的时候，我就说："我这么差，你将来起码要比我强上10来倍。"例如我买了一辆车，我就会说："你看我买了一辆破车，以后你起码要买一架飞机。"他们赢的心态就这样被我激发出来了。

大家都知道心态的重要，但心态的作用有多大，可能并不清楚。它的作用是无穷的，不光给我们产生成就，还能给我们带来幸福，带来高智商，可以说能让我们战胜一切，给我们一切一切的赢！

公园里的海豚

C：我想先讲个故事，讲公园里海豚的故事。

大家都知道，公园里训海豚表演，主要是给它东西吃。它对吃的东西感兴趣，它知道一跳就有吃的，就越跳越好。若它对吃的东西没兴趣，那它还会跳吗？

一个有兴趣的人，不论做什么，每天都活得很充实，过得很开心。人最怕就是"没感觉"，对什么事都不感兴趣。

Q：兴趣同工作的关系正如此。情商最主要的一点就是兴趣和情感。

C：如何建立工作兴趣？这非常重要。兴趣不光是在工作上，就是在生活领域，对整个人生的成功都是关键的因素。

兴趣的本质就是对事物建立情感，而建立情感是一个既简单又复杂的工程。往往很多有聪明才智的人，从一点兴趣慢慢发展成很大的兴趣，然后再发展成强烈的情感。

　　建立兴趣最传统的途径就是获得别人的表扬。比如小孩读书，他很小嘛，开始根本不知道读书是怎么回事。我一直在研究幼儿园的小孩为什么会喜欢读书。后来我发现，老师一表扬他会读书，他就高兴得要命，坐着看书，一坐就是一天，兴趣就来了，他就全神贯注了。

　　培养小孩，首先是培养他的兴趣。小孩的兴趣哪里来？开始是人原始的欲望，即食欲。做父母的一定要满足孩子的食欲，他想吃的就让他吃，可千万不要强迫他吃。这反而会导致孩子厌食。

　　第二是求知欲，这是与生俱来的好奇心所致，一定要好好保护，小孩一般都比较喜欢听故事，你就一定要把最好听的故事讲给他听，让他产生更大的兴趣。

　　第三是名欲，小时候可能是荣誉感，这更需要激励，激励的具体表现就是不断的、不吝啬的表扬，很简单。

　　三点不离其宗：兴趣对人巨大的催化作用。

　　Q：兴趣是天生的，还是后天可以培养？这点其实很重要。有人觉得自己对某项事物好像天生就没兴趣，就不去努力了，不朝这方面去发展了。

　　那我们的行业又怎样建立兴趣呢？

　　C：有目标，工作才有力。日本有位马拉松冠军，记者问他为何能取得冠军。第一次他说：科学；过了一年，记者又去采访，他还是讲科学。他说的科学就是目标，特别是设立阶段性目标。起跑前，40多公里的路程他就先观察分解了，譬如第一个目的地是加油站，第二个是某根电线杆，第三个是医院，第四个是商店，第五个是一幢房子……然后比赛时朝一个个小目标冲刺。有目标就能拉动对事业的兴趣。

目标的拉动还带来对信息的关注与产生兴趣，像大肚子的人，会觉得到处都可以看到大肚子。所以有兴趣工作才不累。但兴趣的建立是多方面的，最好的方法是感受。

关于行业兴趣的建立，我们明天再接着聊吧。

工作兴趣是 360° 的

Q：昨天最后提到行业兴趣，也就是工作兴趣，这要如何建立？

C：工作的兴趣和恋情一样一定要是 360° 的。

假如女孩子嫁到另外一个人家去，如果十个人中有几个人她讨厌的话，在那个环境中她就会感觉非常不舒服，慢慢地，对婆家大多数人都会产生排斥。

生活哲学也就是工作哲学。假如强迫自己喜欢一个不喜欢的异性，真的很难。它是一个综合的因素。女孩子喜欢男孩子讲话的声音、穿的衣服，甚至吃的东西，这其实是一个氛围，于是恋情就产生了。

为什么爱侣们都喜欢烛光晚餐？因为营造了一个浪漫的场景。起始可能是兴趣，但当这个氛围让彼此都感受到强烈的爱意，就已经超越兴趣了。

我为什么最喜欢家居这个行业？因为我最初就产生了情感呀！刚开始学艺时，我就对木头的品种、木纹的肌理、结疤的特点……特别有感情。现在我闻到家具的木香味，还会怦然心动，会忍不住弯腰去摸摸它。

我原来对陶瓷好像没什么感觉，但当我了解了它在高温下形成的工艺流程，现在我喜欢它了。看到它白白的，我都忍不住想去亲它一下。这种冲动和快感，当然源于情感催化的兴趣。

像我们这个行业，首先要学会感受我们的顾客，顾客的喜怒哀乐、情绪会感染我们。顾客开心的满足，会增加我们的喜；顾客的难处或抱怨，也会增加我们的爱与善。当然当你听说顾客夸你好的时候，你就会高兴得飘起来，你就越干越好了。这就更增加了我们对工作浓厚的兴趣。

喜欢的开始，就是从喜欢几个点，然后到喜欢面，再发展到喜欢整体。

Q：《香海禅心》里说："把工作当成一种享受，工作就会给你带来智慧、成就和荣誉。"

C：成就感很关键，它还会带来一种循环互动的兴趣。

我们企业文化中的"比他人做得好一点"，好一点就会产生一点成就感，成就感马上让你更喜欢工作，让你产生更大的工作激情和情感。我们不努力，松一松，工作就不漂亮，情绪就很低落，你很快就会不喜欢这个工作。

但如果我们深入到顾客家里。在顾客买了东西后晚上到人家家里去回访一下，跟人家说我们领导没让我来但我自己来了，顾客是要感动的。看到顾客喜欢这套家具时的快乐模样，你跟顾客的距离一下子就拉近了，情感一下子就建立起来了。这样你就爱上顾客了，你就彻底爱上这个生意了，工作的情感就建立起来了。

Q：你今天努力了，付出了很多，你就能获得认同感和成就感，它们又让你产生更大的工作的激情与情感。

C：当然做成事还要有点勇气。勇气是我们对工作产生兴趣的一个最重要的开始，也是最重要的力量。有这股力量，你会毫不犹豫地去喜欢工作。

"心跳"是工作情感的标准

Q：你讲过，不工作生命就没有意义，工作应该成为人生活方式的一种。所以我们要做有兴趣的工作，就先要学会建立工作情感。那工作情感，是否也有什么标准呢？

C：有！任何事物都有标准，我给工作情感设定了一个很好的标准，那就是心跳。心跳了，你的工作肯定自然成为生活了。

我到现在对于家具还是很有情感的，看到木材我真的会心跳，和年轻时看到女朋友时心跳的幅度差不多。对这个行业的爱，就来自对木纹的美的爱，这喜爱不是天生来的。如果说我做了裁缝，对于布料、衣服我一样会心跳、有感情，我想我一样能够成功。

Q："心跳"这个标准定得很形象而具体，你看到一块木头的结疤都会觉得它特别美，正所谓"情人眼里出西施"。你是把工作当成可以让自己"脸红心跳"的恋人了。

C：确实如此。我刚才说了，如果我当初学了裁缝，也许我后来就去做衣服了，现在也可能开了服装工厂，成立国际服装集团，这都无法定论。因为我会对那个纱啊、布啊，都心跳起来，会把纽扣都当成珠宝。其实当年母亲本来是要我去学裁缝的，可是父亲买不起，也舍不得买一台作为学艺工具的缝纫机，因为一台缝纫机当时要 100 多元钱。所以只好放弃缝纫而转学木匠了，只要一把榔头、一把锯子、一把刨子，成本低嘛。

现在大家都知道有个美特斯·邦威，它的老总周成建是我的好朋友，前两年我还去参观过他的缝纫博物馆，他就是裁缝出身的。他告诉我，他对服装抱有强烈的情感，当年一定是有"心跳"的，所以才能做得特别好。如果他对衣服没有情感，那么他再聪明也无法把事业做到现在这么大。

所以我们一定要做能让自己有心跳的工作。没有情感的工作做起来就很危险，就要想办法来与它建立情感。

Q：建立工作情感的秘籍就是热爱，爱因斯坦说过，"热爱是最好的老师"。

C：譬如，我们对家居行业要有怎样的热爱？你至少要对其中的一个方面感兴趣。不需要你爱它的全部，这个也不可能。就好比你爱你的女朋友一样，你也不是爱她的全部，你只需要爱她的三点就够了，譬如头发、笑、善良上进；也像你爱一个龙头、一个拉手，陶瓷、五金、家具，你喜欢它的几个点，就足够了，你就会对这个行业有心跳的感觉。这个感觉就是工作情感，也是成就感。

中央电视台播出过一个专题：罗马尼亚有个打工的小伙子，悄悄爱上了一位漂亮的护士。有天终于约了她见面，那天天很冷，但这个小伙子坚持站在雪地里一直等。等了很长时间她才出现，小伙子的手都冻僵了，于是护士深受感染，他们的恋爱成功了……建立工作情感，亦是同理。

Q：古人所谓寄情，其实也是寻找情感的对应物，或者说，让有用的、有兴趣的、能让你心跳的情境来调动你的情感、情绪。

C：情境对行为的驱动力影响非常大。而情绪又往往会控制我们的行动。有专家研究开车的案例，他发现，人们并不是在任何时候，都会以同一速度驾驶汽车，开车快慢是受情绪控制的。可见工作情感对工作质量、工作效率也有一定的影响。其实，只要我们能够在与真实的工作情境接触中，自然地产生出"心跳"的反应，这就足够了。

最后，我们还可以想一想，如何通过想象自己的未来，来建立今天的工作情感。也没有哪样工作，是我们天生就对它会"心跳"的。

"灵感"是创新的酵母

C："心跳"是工作情感，而"灵感"是工作创新的酵母。我一直强调灵感，就是强调创新。

何谓创新呢？我的观点是自主创新加集成创新。自主创新其实就是灵感，天马行空；而集成创新则是组合与尝试，脚踏实地。这两者相结合，就成为整合性的创造。

大家知道，蒸馒头是需要将酵母和到面粉里的，否则面一定发不起来，所以这个酵母很重要。我们要创新出又大又白的馒头，没有灵感的酵母绝对成功不了。而灵感分子，就是一个小灵感。

Q：你把"灵感"比作创新的酵母，所以你要把红星的团队打造成灵感型团队，让更多的"分子"去激活现有的"面粉"，蒸出更多更大的"馒头"。

C：可以这样讲。如果说我们红星的成功是商业的成功，不如说是创新的成功。

《经济观察报》上曾有一篇文章，题目大概叫《为什么不是乔布斯》，探讨的是创新的本质问题，文章最后说："我们的企业家英雄中，能不能产生乔布斯这样的用创新精神驱动公司的人，而不仅仅是运作关系赚钱的高手，和时代助推的富豪？"苹果公司确实是贵在创新，乔布斯就是创新的化身，他给人类生活带来的新元素是明显的。报上有这样的呼声："敬乔布斯，就善待中国的创新者吧！"这也是我们共同的心声。

谷歌收购摩托罗拉，是硬件与软件整合的创新。而我们目前致力于系统创新、整体创新，将金融、发展、建设、管理、网络、营销同步互动，用足品牌资源，同时扩大品牌效应，也是在学习创新、探索创新、赢在创新啊！

Q：这方面你应该是有切肤之感的。记得前些年，国外家居建材的"洋超市"大举进驻本土，很多企业都忧心忡忡，认为马上全要被"狼"吃掉了，但你带领红星美凯龙率先引领行业的升级创新，并不断在全行业呼吁。结果红星不仅在中国超越了洋超市，还在德国的杜尔多夫市的"零售业国际论坛"上向全球的商界精英们介绍了创新的成功经验。

C：当时我们行业危机非常呀！经营上如果要全面与洋超市抗衡，经济实力的悬殊太大了！如果同它们出一样的牌，我们只有死路一条。不要说我们这一代，就是我们的孙子胡子白了，恐怕距离也很大。

我是研究过，并且崇尚迷踪拳的，它的特点是经过各路拳术的整合，形成长处打短处。迷踪拳给了我灵感，我想可以换一种方式出牌啊，去做超越性的竞争。

当时江苏电视台的台长章剑华力推了一档很有影响的栏目，叫《非常周末》，他还写了篇文章，里面说过这样一句话："21世纪是一边娱乐，一边工作的世纪。"这给我很大的启发。于是我就在我们的商场构成上创新，植入情景化、体验化的元素，让顾客边娱乐、边赏美、边体验、边购物。这非常符合中国人的购物需求，又大大提升了居家的文化和品位。恰恰这正是不了解中国大众家居消费习惯的洋超市所欠缺的——"布展情景化、购物体验化"。

现在红星美凯龙的第七代商场有很视觉震撼的外立面，其实也是我受了一家普通饭店的喷塑凹凸墙面的启发。因为我对商业空间特别有感情，所以我一看到可借鉴的地方就心跳了，灵感就来了。

整个商场设计成了一棵大树，比如说外立面中间是树的抽象造型，两边是树的木块；共享空间的顶，就是树叶；地下的砖的造型也是树木的叶片。这样推出一个什么概念呢？就是环保，因为我们在追求环保。

之后我们在上海的第八代商场设计的"未来之家"，是从上届日本爱知世博会得来的灵感，但完全加以创新，只是借用了360°球体的硬件，但展示的是全新的未来家居的软件，把创新变成了创造。

Q：创新其实就是发现创新元素，就是要有创意，比尔·盖茨说得好："创意具有裂变效应，一盎司创意能够带来无以数计的商业利益和奇迹。"

C：捕捉创新元素确实很关键。同时还要不断地调研、尝试，注重信息并调研多种可能性，在其中获得解密的乐趣。这就会产生创新的结果。

创新最重要的就是切合实际。我自感这些年最大的成功点正在于此，所有的创新也是在切合实际的基础上收获的，所以我称之为"尝试创新"。我的一位领导朋友，是上海工委的书记，他曾经说："学习了，积累了，总结了，就会有创新的冲动。"我很赞同这个观点。

现在我们还在继续创新，把居家做成一种艺术。这不光是我个人的梦想，其实更是中华民族的梦想。我们的家具本来就是艺术品。

明清家具的艺术价值可能跟珠宝差不多，也许珠宝还要逊色于家具，因为珠宝的造型没有家具丰富。

有次清华大学艺术系的教授来给我们授课，他说车总你才是大艺术家，当然他有客气的意思，可我感觉做家居的确是在做艺术，是在做品位。追求艺术、追求美，就可以提升我们的品位。

什么是品位？品质＋情景＋美感＝品位。人的品位就是气质？个性＋特强技能＋优美（阳刚或柔和）的肢体动作和语言表达＝气质。我们做商场为什么重情景？因为情景能制造感觉，有感觉的情景又可以提升我们的感觉。再加上精细化，精益求精，就有了品质。品质又提升品位，才能提升生活素养，有品质有品味才有品牌，品牌创就强国。

目前中国的小商品市场、服装市场等，基本还停留在20世纪80年代的模式，但中国家具建材的连锁商业模式是我们红星美凯龙创造的。开始还不能做连锁，但通过我们的一次次探索和变通，通过第一代到第八代商场的创新，可以说革新了这个行业，同时也证明了中国家居业在国际市场都领先了。

从中国"丝绸之路"的行商，到秦汉商铺繁荣的坐商，再到欧美便捷购物的超市模式和电子商务。有创新才有超越，我们坚持走自主创新之路，自行探索，将现代的 Shopping Mall 与中国文化相结合，加上连锁，终于发展成为全新的商业模式。

未来我们还将努力探索和实践"智能居家"、"艺术居家"、"快时尚居家"，让产品和居家快速更新换代，让居家成为"时装化的快时尚"，让人一辈子能够体验多种风格的家居生活。而要带动更多的人来把家居行业变成艺术行业，打造成文化含量更高的产品，让家具的艺术含量更高、附加值也更高，这就需要有更多的灵感做"艺术酵母"。

Q："灵感"其实不仅是企业创新、发展的动力之源，也是创造美好生活的必备元素。我们不应该轻易放弃任何一个小创意、小创新，它会引发你的大兴趣。

习惯决定人的品质

Q：你多年前就写过一篇"习惯是金"的文章，之后又专门总结过"成功的十大习惯"，可见你对习惯之重视。

C：培根说过："习惯，可以主宰人的一生。一切天性和诺言都不如习惯有力。"

心理专家有研究，一种做法坚持 21 天就可以基本成为习惯。因为习惯是可变的，我们就更要重视它，把自己不好的习惯去除，多养成好习惯。

这里再讲一个我的经历。

2004 年的 4 月 30 日，我乘飞机从上海去天津，我们天津的商场

5月1日要开业。我邻座是一个非常高大壮实的欧洲男士，2米多高，估计体重也有200多斤吧。我坐在中间，他不免把我挤得颇为难受。漫长的旅途，我一直感觉不怎么爽快。

飞机终于降落了，大家都站起来准备出舱，终于可以舒口气了，可这位大个子却还是堵在边上，而且弯着腰不知在找什么。好一会，他才非常吃力地直起身来，手中捏了半颗花生米，他把它放进了前面的垃圾袋中。

原来是他当时吃得非常香脆的花生米！那他为什么要费那么大的劲，去把不起眼的半颗花生米捡起来？是习惯？是品德？

我清晰地记得那一天，因为这件事对我触动太大了。我由此更认定，习惯确实在随时随处决定着人的品质。

至今我还非常思念他拿着包，渐渐消失在人流中高大的背影，一直希望有一天会在何处再见到他。因为，他对于我，已经是一种习惯的符号。

Q：对，好的生活方式，好的工作方式，都是习惯决定的。正如你提出的，人的成功要靠好习惯"加速"。

C：一个有追求的人，他必然有凡事都想到理想与目标的习惯，那他的成功率肯定比别人高1～10倍，甚至更多。人一旦确立了理想，就会养成设立许多小目标的习惯，也就会养成有计划的习惯，就会由此培养出具有战略思维的筹划能力。明确了为目标而努力，就有上进心，就能养成不断激励自己的习惯。

有了理想和目标的拉动，人的智商、人的潜能就能得到最大限度的发挥，于是，又会养成一种觉得自己有才干，也就是自信的习惯。

理想又会带来大的度量，让你胸襟开阔，你就不会再为小事斤斤计较，由此你又养成了大气、无私的习惯。

理想和目标才能激发人巨大的热情与兴趣，有了兴趣，就会产生出一种热爱的习惯。热爱这一行，就会干好这一行，当然成功就提速了。

做习惯的主人，不要做习惯的仆人，本质上其实也是一种品质的修炼。就像许多人爱睡懒觉，这其实是很伤身心的习惯，他不知多赖在床上三五分钟会带来更多的痛苦。而只有转变意识，转换场景，改变习惯，才能把痛苦转化成享受。

好习惯形成加速成功的"链"

C：昨天讲到习惯。其实习惯不是孤立的，而是成功链上一个个紧扣相连的环。好习惯会带动好习惯；不好的习惯，也必然将带出坏习惯。

所谓水越流越清，朋友越交越亲，知识越多越要。同理，小孩的学习不是一天变差的，婚姻关系也不是一天变坏的，企业也不是一天做大的，其实这都同习惯有关。

Q：习惯是一根加速成功的链。昨天你已经谈到了理想和目标这两个环，记得你还讲过：选女婿就要选有理想的人。

C：理想会带来有事业心和责任心的习惯，好品德会带来善良与正义感的习惯。好奇心，它会让你养成不断去发现、去思考、去探索的习惯。而好胜心，会让你从小就培养出争强、自立、进取的习惯。

我们常说这个人勤奋，勤奋其实不是意识，而是一种习惯。现在我又把这修正成勤快。人勤快了，就爱动，会先动脑，会快速反应，会爱说，就会充满活力。勤快更有一种速度感，还有一种快感。

人际交往上，好习惯往往决定着成败。注意自己的行为举止及装束，这是尊重人的习惯。

注意事物的反馈，不让对方有压力感，都是良好的外交习惯。我往往是一只眼睛注意对方，"另一只眼睛"用来看自己，也就是说根据对方的接受程度，来随时调整自己的言行。

思考问题的时候，让眼前出现视觉的一幕，这是锻炼空间想象能力和形象思维的习惯。这种习惯能促进人的思维。

Q：读好书，交好友，都是丰富人生、提升生活的好习惯。特别是交友，古人言"近朱者赤，近墨者黑"，讲的正是交友习惯。

C：一种好习惯的形成，会让你终身受益。

譬如说，快速走路，快速讲话，一般人可能对此不以为然，但久而久之就养成了快速行动的习惯，也就是给自己有紧迫感的习惯。

我们要注重做重要而不紧急的事，如果人天天都是在赶着紧急的事，那是十分可怕的。因为不管对待工作还是生活，战略规划才是最关键的。每天急着捡芝麻，必定会丢了大西瓜。

我遇到事情，凡是想到可提前完成的，就总要想方设法抢在今天完成，而不是把今天的事情拖到明天或后天去做。明天的事情提前做完了，晚上我就可以思考后天的事，我就能永远把时间往前拉。长期拉，人生都可以拉长好几年。

这样"几何速度"的递增，其实是在提升生命的质量。

反之，那种凡事都慢吞吞地做的人，遇事拖一天，也能拖十天，甚至更长。那他大脑使用的频率少了。他的大脑整天想着老事情，必然没有空间思考新事情，思想就不能创新。这种拖拉的习惯，就会逐步过渡到依赖。这本质上是一个行动力的问题。

Q：有"快行动"的习惯，成长和成功才能"加速"。

C：在好习惯形成的加速链上，人生的成功提前了，你当然会获得更大的成功。你的生命不就拉长了吗！

细节是成功的"分子"

Q：过去我们老讲"细节决定成败"，都讲烂了，可工作上、生活中，还是有许多人不注重细节，不相信细节的成功力和摧毁力。

C：许多人认为细节是小事，好像他是抓大事的。但他根本不懂得，如果一个人把全身心都放在一件小事上，那小事也会变成大事；如果不全身心投入，那大事对他而言也会变成一件小事。

我们最初的企业文化里，有"做好千万件小事必能做大事"，现在更简洁明了："比他人做得好一点。"其实都是讲细节的关键地位。细节是成功的"分子"。

工作注重分子，事情就不会盲目无措。比如说顾客也是我们的分子，我们是做服务的，那他就是服务的原材料的载体。同顾客接触多了，他的喜怒哀乐我们就会有感受。假如说我们对顾客情绪的细节是盲目的、麻木的，那我们肯定什么都做不成。

对原材料的分子了解多了，就会产生一个情感的组合，也是思维和结构的组合。

Q：分子是物质中能够独立存在的，相对稳定并保持该物质物理化学特性的最小单元。工作中的分子就是细化的细节。

C：分子可以产生什么？产生化学反应，分子的能量是非常大的。

细节是化学反应，很多事物的成败都在于细节。假如我们不重视细节的话，就很难成功。

现在讲环保，要测甲醛，我的鼻子比检测中心的机器还要灵。为什么？因为我研究了环保的细节。就像品酒师，用舌头就可以品出酒的品质，关键也是因为他了解酒的分子。

Q：原材料的结构是我们情感的重要组成部分，以及我们工作的重要组成部分。生活中也是如此，你体验了生活中丰富的细节，才会感知到生活的多彩与美好。

C：网络时代最重要的是什么？蝴蝶效应。网络就是信息，网络时代是效应时代。比如说美国的金融危机对全世界都会产生影响。蝴蝶效应就是分子效应。

成功是要靠积累的，每天要是提升一点，那一年就会提升 1 倍，两年是 4 倍，三年则将是 16 倍。

人体是什么构成的？是细胞构成的。人的细节就是细胞。高明的医生就会研究细胞，就是研究人体的细节。

时间过得很快，但时间也是由分子构成的。每一天是分子，每一个小时是每一天的分子，而每分每秒又是这个小时的分子。时间的细节把握不好，就是浪费了生命。

对细节的珍视关键在于自己。一般人认为 10 年很长，其实 10 年很快就过去了。当人到 35 岁左右，就会觉得时间很快过去了，马上就 45 岁、55 岁，非常快。珍惜点滴时间的本质，就是珍惜生命的细胞、生命的分子。

有次我出差去外地，晚上在宾馆里睡不着。我想：不好，今天要浪费了。后来，我干脆就起来到宾馆的四处去看看、去观察，果然在它的装修上获得了一个灵感。我就很开心，觉得我珍惜了这一天的分子。

Q：你小时候最喜欢看的一本书是《十万个为什么》。也许它让你从小培养出关注细节的习惯，因为它讲得很细小，有十万个为什么嘛。

C：对。《十万个为什么》就是十万个科学的细胞。我一直喜欢问为什么，每天都会问几个为什么。越问越细，就问到事物的分子了。

彼得·圣杰的《第五项修炼》里的最后一项是系统思考，那怎么培养自己的系统思考能力？我觉得就是注重每一个细节。每一个细节联合起来就是系统。

假如你不去关心每一个分子，你就没有系统。没有系统，就不会成功。就像人体如果没有那无数的细胞，血肉之躯当然就不存在。不思考细节，不反复考证细节，就会随波逐流，远离成功。

我说过：战略可以像学语文，有人文气质、浪漫，甚至疯狂些，但战术要像学数学，一定要严谨，注重每一个小数点。

父亲母亲：我成长、成才的根
——怀念父亲，兼说父母对我创业之路的影响

2002 年的岁末，与病魔顽强斗争了整整 13 年的我的父亲车炳大撒手人寰，离我而去了。父亲走得很平静、安详，像熟睡了一般。也许他清楚膝下的五个子女都已长大成材，都成了中国优秀民营企业的经理人；也许他知道，他始终深切关注的红星集团正在快速地发展壮大，一个月前，红星的第 12 家连锁家居茂（Mall）已经成功地开进了首都北京；也许……也许他是带着这样一种宽慰离去的。但此刻，心痛欲碎的我还是要说：父亲，您走得太早、太早了！您应该再好好看看，看您后辈来创造更多事业的辉煌。您晚走 5 年也好，能亲眼看到 2008 年红星愿景的实现，建成 40 家连锁家居茂，成为国际化的企业集团……不过，此刻我又强烈地感觉到，这一切，您的在天之灵一定都会知道。因为我相信，人与人是有特殊感应的，甚至不管他是活着，还是死了。既然您已经把勤奋务实的基因深深地种植在我们身上，那您也一定会感受到开花结果的告慰。

在父亲的灵前，我想起了 15 年前便离开了我们的母亲。母亲叫蒋龙英，和父亲一样，在常人眼里都是普通得不能再普通的农民，但在我的眼中，父母的形象是那么高大，那么不平凡。古人有句话叫"家学渊源"。我的父母虽然没有什么文化，也谈不上高深的学

问，但他们身上最本质的勤劳、俭朴、正直和特有的情商，不仅无时不在影响着我的创业之路，更影响着我的整个人生。我今天之所以有点小的成就，渊源当然就在父母那里，所以我要发自内心地说，父亲母亲是我成长、成才的根！

教我以勤劳：创业者的立身之本

凡古今中外的创业者，可说无一不是以勤劳为立身之本的，这方面，父亲堪当勤劳的楷模。

从母亲和乡邻的口中我得知，父亲 16 岁就到金坛的建筑工地做学徒，开始自食其力，20 岁即成为工程项目的负责人，从此几十年如一日风里来雨里去。在我童年的记忆里，父亲永远是天不亮就起床，一直要到我们都入睡了才回家，也不管是寒冬还是酷暑。我心目中的父亲就始终是做、做、做、做、做……直到他患病躺下。于是我也才明白，20 岁我从创业之初能没日没夜地干活，往往夜里做到 12 点，早晨 6 点就起来了，有时连楼梯都走不动，几乎是躺着移下来，却仍从不敢懈怠，这种吃苦劲正来自父亲勤劳的无形影响。此刻，我又想起了母亲的两句话，"西北风也要到大门口去吃"和"算计不好一世穷"。这同样是教我以勤劳。

天上是掉不下馅饼来的，我之所以现在每天发疯似的投入工作、思考、研究战略，每天像海绵吸水一样拼命地吸收知识与信息，每天十五六个小时都不觉得累，我这当代人的勤劳观，都是因为父亲，您以您的勤劳给"种瓜得瓜，种豆得豆"的道理作了最好的注解。

俭朴：人一生最难得的品格

假如要把"俭朴"这二字拆开来理解，那可以说是节俭和朴实，这正是人一生最难得的品格。父亲母亲如此教育我们，一辈子更是这样做的。

父亲很早就是工程项目负责人，盖了很多房子，自然也有了一点积蓄，但他个人的生活非常节俭。一次，我听亲戚们议论："别人家还会没活做，你老子总有活干的。"回家我跟父亲说了，不料被父亲痛斥一顿："谁能保证一辈子都有活干？这样你们就可以大手大脚了吗？有活干，也要靠争取的。"我给骂得无言以对。当时觉得很委屈。但等我开始创业以后便深深体会到，父亲正是以一种危机意识来逼我保持俭朴的本色，同时他的话也包含了很深的奋斗意识。还有一回，我已经跟着父亲在工地上干活了。那天收工早，几个小伙伴约我一同去看电影，我去向父亲要钱，父亲给我两角钱就再也没商量的余地了。我只好请小伙伴每人吃了一根棒冰，电影票还是他们请的客。我觉得很没面子，心里一直不高兴。

母亲也是如此，记得 1987 年的时候，我已创了近两万元的资产，而母亲身患癌症。那天我买了一些菜专程赶到乡下去看她，母亲当时还在田里撒麦种，本来她看见我来是蛮高兴的，可一瞧见菜篮子里的豆腐多了一点就责问道："你是买了四角钱吧，太浪费了，买两角就足够了，你真不会'做人家'！"（'做人家'系常州方言，意为节约。）我被母亲说得脸上红一阵白一阵的，心想不就是两角钱吗！但后来，我越来越懂得，父母从不追求享受，更谈不上奢侈，是要让我们从小就学会"一分钱掰成两片花"的节俭观！

正因为如此，在我创业的历程中，我总是本着俭朴的原则，尤其是个人生活上，从不浪费奢华。记得 18 岁在西安做工时，中午吃饭我总是待在大哥旁边，等他有可能余下半个馒头给我吃，而舍不得自己再花钱去买一个。还有一回，晚上我上街花两毛钱吃了一大碗刀削面，似乎还没有吃饱。摸着口袋里还有两元整票，我捏紧钱犹豫了一会，还是舍不得把两元钱破开来再多吃一碗。即便如今，我拥有了较多的资产，我还是努力保持本色，有时为了赶着办事，总是一碗方便面或一盒快餐对付了事。其实这不是单纯金钱的问题，它关系到你的人生态度、生活态度。我想，只有朴实的人才会真正懂得节俭，所以说俭朴是人生最难得的品格。

正直做人与先付出：我的传家宝

现在想来，父母留给我们最大的财富应该是"正直做人"与"先付出"，这也是我们兄妹五人能走到今天这一步的传家宝。

父母自己一生俭朴，但对凡是有困难或需要帮助的乡邻亲友总是解囊相助，平时全家喝粥，偶尔有了碗鱼肉总是一放再放，等客人上门才端出来。记忆里印象最深的是连续有七八年，每年大年初一都会有叫花子上我们家讨吃的，父亲总是硬要把他拖上桌吃饭。当时我们都非常不解，甚至还很生气，心想新年头，弄个叫花子坐在一起干嘛！但如今，我们都彻底懂了，父亲是以这样的行动教育我们懂得尊重人，不歧视谁；懂得人格的平等，富有同情心；更重要的是通过"对别人好"，培养我们"先付出"的精神。

今天我要说，红星的事业能发展壮大，就是靠了"先付出"的传家宝。有位哲人说："诗人首先要有同情心。"我认为，一个真正的人又何尝不是如此。因为同情心里包含着正直、善良、平等、爱心……许许多多的闪光点啊！所以，我也才能从创业起至今，始终平等待人，对每一位劳动者都心存感激。在我的眼里，不管他是运输工，还是清洁工，哪怕是澡堂里搓背的，我都会对他们由衷地道一声"谢谢"。

还有一件事，直至此刻仍让我记忆犹新。那时我 17 岁，刚开始学木工很想做一把称手的刨子，却一时找不到合适的木料，于是我就悄悄地去砍了村上人的一棵树，结果刨子还未来得及做，就被父亲发现了。父亲为此十分生气，他喝令我立即给人家送回去。一路上，我一边流着泪，一边想着父亲的训斥，再看看抱在手里那根直直的树干，我开始理解"正直"这两个字的内涵。当然如今我对"正直"的理解更深了，它是中西方文化共同认同的人类最优秀的品质之一，也是优秀管理者必备的素质。我永远怀念父亲的那顿训斥和那棵已成为正直教育象征的树。没有它，如今我不可能拥有购买一大片森林的能力。常言道"严师出高徒"，我的父亲可谓是严父了。正是因为这个"严"字，正直做人贯穿了我的一生。

父母特有的智慧：赐我高质量的情商

父母文化程度不高，不可能给我过多知识的教诲，但我深深感到他们以特有的智慧，赐予了我高质量的情商，比如说激励。

父亲平时话不多，对我的学习似乎关心很少。但有一次，我到同学家拿了本《十万个为什么》回来随便翻看，父亲看见后立即对我说："你将来一定比我有出息。"受到激励后的我当夜就一口气把这一本书看完。很快，一礼拜内我把全套书统统借来看完了，之后我就经常去借书看，也由此养成了爱读书的习惯。

还有就是我1986年想独自创业时，把想法给父亲说了，父亲虽只是淡淡地讲了句："你已经长大了，想做的事情自己做主，创业要靠自己。"可他那充满信任的激励的眼神给了我莫大的动力。特别是1985年正式创业前，我用父亲的资金打了一船碗柜和板凳，从金坛运到常州花园的市场去卖，结果亏了两百多元。父亲知道后，非但没有责怪我，反而鼓励我说："亏了就亏了，只要多想想。"激励的力量的确是无穷的，我和我的事业在父亲的激励下成长壮大，我也从父亲的话里学会了不断地总结与反思，同时我更把激励作为企业管理的重要方法之一。

当然激励的同时，父亲还教会了我思考和请教。记得16岁那年，我跟父亲去工地干活，头一回泡石灰，因为不得要领让石灰浆都灌到雨鞋里去了，双脚又烫又疼，晚上回家皮都撕了下来。我偷偷地哭了，刚好给父亲看见，父亲严肃地说："16岁的男子汉了，哭什么，不会又不请教别人！"我马上止住哭，因为我知道了"请教"二字。在后来的工作中，我经常借用外脑、请教专家，这都源自父亲的启迪！

再譬如说巧干。我一直说，我成功没什么特别的秘诀，就是勤劳与诚实，实干加巧干，这个巧干就受益于母亲。记得当年我们家分的田比较偏远，但我父母不争不抢，非常大度，尤其是母亲每天总是乐呵呵地去田里干活。她有个特点，就是每一趟去田里总不让担子空着，去时将猪灰带去做肥料，回来时正好担回田里的庄稼或土块。她有一句名言："算计不好一世穷。"这可以说是我创业之路的照明灯。这个"算计"就是巧干，所谓巧干，就是要动脑子，运用智慧来研究战略赢得成功。

父亲看似木讷，其实也是非常善于巧干和创新的人。他的一项创新，让许多本盖不起房子的人能够盖房子，也让母亲这辈子有了件常挂在嘴上的得意事。那就是父亲在盖房时将原来内山墙的木质结构，大胆改用水泥结构，这样一来，至少节省建筑成本一半以上。我后来在工作中总喜欢动点小脑筋，来点创新和发明，这恐怕正是父亲创新基因的遗传吧。

我的父母只有实在的行动、质朴的言语，但我始终感觉他们有一种特有的大智慧，正所谓"大智若愚"。如果说社会的学习开发了我的智商的话，那么我的情商完全是在我与父母的相处中，潜移默化地被开发的。

纸短情长。三十几年来，父母对我的影响实在太多、太深了，父母不仅给了我生命，他们的言行更让我受益终身。特别是父亲那句"不能为了生活而干活，干活就是生活"，使我懂得了什么是生活，什么是事业，从而让我自创业之初就把事业当作了自己整个的生活。如果说以前我对自己不知疲倦的原动力来自何处感到惊奇的话，那么如今方知，乃出于父母勤劳的示范！比照起来，我却做得一半还不到，今后将加倍努力才是。

此时此刻，我要说的是：父亲母亲，你们是普通的农民，普通的泥瓦工，平凡的人，平凡的父母，但你们更是伟大的教育家。你们还是第一代的创业者，正是你们的创业精神：勤劳、检朴、正直、先拙，才让我们第二代实践出了业绩——当我们这些枝叶正在蓬勃生长的时候，我们永远都在吸取着根的养分——父亲母亲，我永远的根！

车建新

2003 年 1 月 6 日

附录二

"四情五感"强的员工才是好员工

做了 26 年管理，我常常在思考：同样的条件、同样的岗位，为什么能力差别如此之大？工作做得好坏的根本原因在哪里？优秀员工的过人之处究竟在哪里？

经过多年的总结和提炼，我找出了答案——那就是"四情五感"。四情，是指情境、情感、激情、情结；五感，是指责任感、归属感、成长感、成就感、荣誉感。可以说，"四情五感"是一块试金石，"四情五感"是一道分水岭，"四情五感"强的员工才是好员工。

先谈谈"四情"

情境，就是完全处于状态之中，认真投入，及时分析和记忆；情境，就是身心都在当下。就像小孩上课，不能人在课堂，心却乱飞。怎样才能让他进入情境？可以讲故事，用好奇心吸引他。培训课上，先做操、暖场，或抛出问题、悬念，就是要把听众带入情境；可以利用从众心理，用集体氛围感染他（比如，同学们都在晚自习，他也就安心自习了）；可以运用表扬、鼓励，把他引入情境；也可以运用压力、紧张，驱使他进入情境；还可以培养孩子的孝心，懂得用成绩来回报父母。

情境，是做事的起点。只有立足情境，能力才会被激活，智慧才能被发挥。无论哪个岗位，如果不在情境、不在状态中，注定不会出成绩。红星美凯龙商场，办公区通常设在顶层，每天上下都要经过各个楼层。我们就是要让管理人员在现场感、切身感、第一时间感中进入情境。如果总是坐在办公室或会议室内，必定会失去对市场的敏锐嗅觉和快速反应；我们要求员工到顾客家中回访，感受顾客的情感，了解顾客的心理。要求员工自己去购物，体验消费的情境。在情境中才有当下的体验，获得当下的力量。

情境，就是身临其境，根据实际情况灵活应变。毛泽东在井冈山，指挥红军连续四次粉碎国民党几十万大军的围剿。靠的就是人在情境、心在情境的洞察秋毫、随机应变，"打得赢就打，打不赢就走"；而第五次反围剿之所以失败，就是因为总指挥李德，生搬硬套军事理论，脱离了当前实际所致。

情境，有外在情境和内在情境。李德也在现场，为什么看不到真实的情境呢？是因为脑子里的框框条条、主观成见，掩盖了真相。所以，要做到真正的在情境中，不单是要深入一线，更重要的是，放下偏见。要经常审视自己已有的固见，是否与当前情境吻合，让内外情境保持一致。

情境与哪些因素相干？人、事、物的环境会促进情境；互动、参与容易进入情境；一丝不苟、追求完美孕育情境；换位思考、感同身受产生情境；热爱、强大的需求产生情境；激情、兴趣产生情境；责任感、归属感产生情境……

情感，是指对工作、工作环境、工作对象等，萌生了浓厚兴趣，产生了充分的热情，这就是情感。情感的力量非常巨大。就像恋爱中的人散步不知疲倦一样，对工作萌生了情感的员工，会自发自动，投入其中、乐在其中。

我当年学木工，每天干十六七个小时都不累，就是因为对家具有深厚的感情，这也是我投身家居行业的源动力。直到今天，我看到家具的木纹，都有怦然心动的感觉。

情感有天生的，也有后天培养的。我刚开始只是为谋生，看到母亲太辛苦，想挣钱，为家庭分忧。在不断坚持中对工作就产生了兴趣，进而产生了情感。

怎样培养对工作的情感呢？情感，源于对产品的了解和喜爱，对行业上下游的了解会增进情感；情感，源于对顾客喜怒哀乐的体验和共鸣，源于对工作的投入与付出，看到工作未来的价值会带来今天的兴趣；情感，源于工作做出成绩后，受到表扬、拿到奖金、评到荣誉；源于同事之间的互相帮助、协作；内部竞争和外部竞争也会产生情感；一丝不苟、专注产生情感；反复思考、仔细琢磨产生情感；自己严格要求自己，可以扭转情感；结果导向、想象结局产生情感；成就感、归属感、责任心、事业心均会产生情感……

爱因斯坦说过："热爱是最好的老师。"一个喜欢授课老师的学生，功课自然就好；一个对顾客有感情的导购，业绩肯定出色。

激情，是情感的升级版，代表了情感的高度。它充沛、饱满，能调动身心的巨大潜力。激情状态，伴随着急促的呼吸、有力的脉动、旺盛的精力；激情状态，弥漫着巨大能量，散发出强大气场。

上海工商银行营业部的徐晓萍总经理，就是一个用激情工作的典范。她有次找我，想挽回一个被撬走的大客户。她电话里跟我讲这件事时，满腔气愤，心急如焚，我可以清晰听到她急剧起伏的呼吸，感受到她用肺腑在说话。她的这种工作状态和精神深深感染了我。

对渴望成功者而言，激情无所不在——压力产生激情，强烈的愿望产生激情，志同道合产生激情，棋逢对手产生激情，竞争激烈产生激情，快速反应产生激情，积极心态产生激情，英雄情结产生激情，荣誉、表扬产生激情，挑战新的目标产生激情……

激情，会彼此感染，感染周围。我个人的奋斗经历证明，激情有一股神奇的力量，能打动人心，能创造奇迹。创业早期，我有几次濒临困境，到了山穷水尽的地步。但胸中有一股熊熊燃烧的激情，我决心"如果没有钢筋我拿自己的骨头去支撑，如果没有水泥我拿自己的血肉去搅拌"……正是这种忘我、亡命的激情感染了身边人，打动了许多人，奇迹般地帮助我化险为夷。

情结，指的是强烈而无意识的情绪链，我称之为不解之缘。我们无论是一件事做出了成绩、成就，或是因失败受到嘲笑、侮辱、打击，甚至恋人的嘲笑，内心都容易产生情结。如果把情感比作枝叶，情结便是根，它是情感的最高形式。

　　情结有好坏。有破坏性的，也有建设性的，关键在于正向引导和运用。我这里讲的，主要是情结的正向发挥与建设性运用。

　　比如说，我从小就有一股不服输的情结。12 岁时，因为二哥和村上的少年结怨，他们找我报复。我被一群少年打得很惨，心中非常愤懑，也非常仇恨。他们不但没有把我打怕，反而激发了我渴望强大的斗志。这股情结后来贯穿在我的创业中，尽管经常遇到挫折，但我愈挫愈勇，从不服输。

　　挫折固然让人纠集，但一旦战胜它，往往就会结下不解之缘。攀比、愤怒、憎恨……都能产生情结，开发潜能。尤其当我们执着于一件事，呼吸都会紧张，做梦都在想，情绪就打结了，成为情绪链。而且在心中每重复、熏习一次，情绪链就粗壮一分。

　　我对事业的情结从何而来？那是多少次受到竞争对手不公正对待的愤怒，多少次面对资金紧缺的焦灼，千百次在高速上星夜赶路，千百次在空中南来北往，千万次面对压力绷紧神经，千百次受到朋友恩施，对千万个员工辛勤付出的感动，对亿万消费者青睐的感恩……这数不清的付出与情怀，淤积不化，自然成结！

　　关于"四情"之间的关系，迪士尼乐园曾经提出一个理论，那就是让顾客先进入情境，再产生情感，进而迸发激情，最后形成情结。这样顾客就和迪士尼结下了不解之缘。

　　所以，情境—情感—激情—情结，是一个相互联系的因果链，是一个渐行渐高的台阶。情境容易找本质、规律，情感导致不懈的坚持，激情开发潜能，情结催生成就。沿着这个台阶往上走，我们的情商、我们的潜能就会得到最大限度的开发。

再说说"五感"

责任感。美国著名心理学博士艾尔森对世界 100 名各个领域中的杰出人士做了调查,他们取得辉煌业绩究竟靠的是什么呢?答案几乎不约而同:"把那份工作当作一种不可推卸的责任担在肩头,义无反顾。"

因此,说责任感是成功的基石毫不为过。王永庆就说,责任感是人心中最大的善。提升心灵,关键就是发掘人心中的责任感。没有责任感,对自己也不会负责。因此,作为员工,自己要主动担责、挑责;作为单位,要让员工负起责任。权力到岗位,责任到岗位,绩效到岗位。

为什么要负责任?负责任,就会全面考虑、关注相关事情,把细节计划好、安排好;就会寻找事物的本质、深入事物的规律;就会把工作转化为自己的事情、转化为职业创业的舞台。

责任感与依赖感正好相反——当我成为别人的支柱时,就产生一种责任感;相反,当别人成为我的支柱时,就会产生一种依赖感。在父母面前,我们会有依赖感;当我们成为父母,面对孩子,才体验到一种责任感。同样的道理,我们把自己当配角,就有依赖感;把自己当主角(其实每个配角,都是相关事的主角),才会体验到责任感。

责任感是人品的第一要素。没有责任感，最终将失去个人品牌和职场信誉。企业找员工，第一就是看责任感。有眼光的丈母娘选女婿，第一也是看责任感。

归属感。从个人角度看，就是把工作看成婚姻那样重要，像重视婚姻那样重视，当一辈子的事。背水一战，不给自己留退路。这样遇到困难、挫折、矛盾，就会迎难而上、积极争取，成功的希望就大。如果排斥、抱怨，动辄跳槽，跳来跳去，就无法沉淀自己的技能、经验和人脉。

就个人而言，如果确立了做强技能的价值观，潜心钻研一门技能，追求技能的完美、精湛，最终在技能上也能找到心灵的归属。同时，交到相关技能的朋友，技能与舞台的匹配，都能带来归属感。

从单位角度看，如何为员工营造归属感呢？

在公司构建家一样的氛围和文化，快乐工作，快乐生活。我们邀请了国内外顶级的专家学者来红星讲学，指导员工如何教育孩子；围绕建设幸福家庭，我们开设了系列讲座，促进红星员工夫妻感情的升级和生活质量的提升；由公司出资，统一为中层以上管理人员的家庭聘请了保姆。组织员工一起看电影、读一样的书，增进共同语言。

此外，红星还大力传播健康知识，每天为员工提供新鲜水果，增添绿色菜肴，以保障员工的保健膳食。鼓励在办公室养花种草，亲自浇水、剪枝，快乐地工作就是享受生活。这些活动大大增强了红星员工的归属感。

有效沟通影响归属感。韦尔奇有一句名言"沟通、沟通、再沟通"。员工在沟通的文化氛围中，能够体会到被尊重、被信任的感觉，从而对企业产生深深的依恋感和认同感，加深员工对企业的归属感。部门之间的精神面貌、愉悦度也能产生归属感。

公平影响归属感。企业要建立公平性的文化，为员工创造一个公平的工作氛围，公平性越强，满意度越高，归属感也就越易形成。正义、实事求是也是影响归属感的重要文化。歪风邪气、弄虚作假一旦蔓延，一旦形成叠加，破坏力巨大。

成长感。成长感，就是有方向、有进取、有进步、体验到愉悦的感觉；成长感，就是以积极努力的方式去追求和接受新的知识、新的技能、新的挑战。成长感，是对自己相关知识和技能的主动学习与提升；养成勤快的习惯，对成长大有助益。

如果身体没有新陈代谢，躯体的生命就结束了；如果心灵停止成长，精神的生命就结束了。知识经济时代的核心，就是更新、升级。我们身边的一切，都在悄然、迅速地升级，可是我们大脑的内存升级了没有？唯有不断成长，才能适应变化。

我们红星美凯龙，一直致力于打造一个学习型组织，搭建一个共同成长的平台。在"只有员工成功，红星才能成功"的共同理念下，我们鼓励每一位红星人打造个人品牌，实践岗位创业。让员工从眼前的工作看到自己未来的前途，看到能力提升的价值，从深层次激发员工自我成长的欲望。

每年邀请数十位专家学者到公司讲学；把骨干员工送进长江商

学院、中欧商学院、光华管理学院等学习、进修；每年组织先进干
部、员工等 700 多人赴美国、欧洲、东南亚等地考察学习。

提倡在社交中学习，与水平比自己高的人交友。特别是要定期
跳出圈子，与相关行业、相关业务的人士交往，拓展眼界，延伸思
维；倡导团队学习。"看、帮、赛"，让员工在辅导、帮助、竞赛的氛
围中成长；充分授权、发挥强项，在委以重任中提升员工的成长感。

成就感，指取得了成绩、业绩，为自己所做的事情感到愉快或
成功的感觉。就是工作中有一点小小的成绩，或者有创新、独特的
技能，令自己感到满足、得到鼓励；同时，周围人的羡慕、表扬，
又会让自己对工作升起更大的兴趣和热情。就这样良性循环，小成
就小引擎，大成就大引擎，连续的成就会成为人生的引擎。

人的自信，源于与环境的互动。如果被周围人呼来唤去，一个
人很难获得自信；如果周围人对你尊重、礼敬，自信油然而生。成
就感，就是得到同事、团队乃至社会的认同，由外部认同转化为自
我认同和自信。再由自我认同、自信的提升，带动个人岗位和境界
的提升。

成就感要从做小事积累起，千万次小成绩的积累，必定会变成
大成就。我本人就是从拔钉子、做小工、认识木材开始，从做一把
椅子，到做一套凹凸式家具，再到生产组合式家具。从这样的一点
小小成就感出发，再到创办家具门市成功，进而点燃了我做家具市
场的雄心。成就感就像龙卷风，把我的梦想推向更高、更远⋯⋯

成就感是智慧的启蒙，开发勇气，开发潜能；成就感是精神的

发动机,是人格的核心;成就感是立体多维的幸福。我们哪怕多付出 30%～50%,哪怕比别人多付出几倍,也一定要把事情做成,比别人做得好一点,也不能产生挫败。养成做出成绩、享受成功的习惯,让成就感成为人生的助推器!

荣誉感。荣誉感,是指自己属于某个组织,并得到这个组织的肯定和褒奖。荣誉感,是对我们服务社会、回馈社会良好形象的肯定,是对我们不可替代、不可模仿的品牌价值的褒奖,是对我们自主创新、肩负时代使命的高度赞许!

公司做大了,做出品牌,员工都有荣誉。自己参与越多,贡献越多,荣誉感越强。一个个员工的小荣誉,才支撑起企业的大荣誉;每个商场有荣誉,品牌才有荣誉。世界级的品牌就享受世界级的荣誉。但企业在一个省、一个城市、一个街道做好,同样也有荣誉。

荣誉孕育责任,荣誉启发智慧,荣誉坚定信念,荣誉成就伟业。

"情"、"感"是交融的,四情与五感,共生共存。四情促进五感,五感催生四情。责任感是"四情五感"的源头,归属感是责任感、成长感、成就感的基础。情境催生出责任感,情结会产生归属感;成就感孕育情感,荣誉感点燃激情……

最后我要说,员工的差距,主要不是能力问题、智商问题,而是心态问题、情商问题。正如"哈佛管理"所说,情商是人最重要的生存能力。"四情五感",是情商的重要体现,是员工从优秀到卓越的指南，是职场成功的"葵花宝典"。一个员工如果把"四情五感"修炼好，就像练就绝世武功的高人一样，必定独步天下，心想事成！

车建新

2012 年 9 月

后记 ""

让我们认识作为哲学体验者的车建新

车建新，大名鼎鼎的红星美凯龙全球家居连锁集团的董事长，当然如今他本人也大名鼎鼎：行业的专题报告、高等学府的演讲、众多媒体的访谈、各种荣誉和头衔……他曝光率高，影响力也大。不熟悉他的人，只知道他是一个成功的企业家；一般熟悉他的人，则认为他是一个工作狂。

工作狂是自然的，创业26年，没有疯狂的拼搏与奋斗，怎么能把一个借资600元组建的家具小作坊，变成创造了无数个第一的中国家居业一线品牌，并已走进百Mall时代呢！他过旺的精力和对事业追求的狂热，众所周知。他对未来的梦想和执着，在不少员工的心目中，都达到超激情的程度了——他应该是个不折不扣的工作狂！

可是，更多熟悉他的人发现，近年来他悄悄发生了诸多变化：变得热爱生活了，体验生活了，研究生活了。譬如，他在员工的培训中，更多把生活哲理注入了工作原理；在原本正经严肃的公关场合他会给来宾大谈传统养生与生命科学；而在小范围的茶余饭后，他尤会为人生与情感的新思维而滔滔不绝……也许，他在深谙商道的同时，又悟出了生活和生命的真谛。

笔者与车建新先生相识已有 20 年，之后加盟企业，作为其直接下属与之几乎朝夕相处了 7 年，现在又成为了公司的顾问，应该说了解之深，体察之甚，颇为难得。或许早年还囿于工作关系，彼此更多论及企业事务，而今则毫无顾忌地放谈相关生活的各个侧面。办公室对坐也好，出差旅行也好，或者手机超过一小时的通话，主题基本都是对固有职场与生活现象的另一个角度的分析，常规成长和生活理念的换一种方式的思考。

古人云："处处留心皆学问，世事洞察即文章。"从这个意义来说，我不得不佩服他洞察生活、感悟生命的留心、细心和用心。他曾归纳过，四项生命的任务，五个生命的指标，以及"九情九欲"的生命。里面引发出许许多多的奇思妙想，并不乏生动有趣的故事佐证——这就变成了一种学问，成长的学问、生活的学问。这种学问有没有用？因为它们不是空洞的理论，或抽象的概念，它们都是源于他自身的创业经历、管理实践与日常生活的体验感悟，因此它们是鲜活的、有质地的，是一个成功者生活经验的真实坦言。好几年前，他有些零星小文发表在报纸上，他的一位级别颇高的官员朋友的老母亲居然还把它剪下来，压在玻璃台板下，一定要让儿子看。因为有独到的见地，因为有共鸣。

当然，这些学问也来自其他学问触发的思考，因为他越来越爱读书的缘故。记得早年他在我家的书柜里取走一本《战争与男性荷尔蒙》，这本书居然被消化为他事业拓展的精神动力之一。去年他在旅途劳顿之余，阅读并与我多次讨论了两本书，一本是复旦教授的《寻觅意义》，另一本则是俄罗斯哲学家的《人的奴役与自由》。对于一个小木匠出身的企业家，对于一个日理万机的管理者，似乎是那么的令人不可思议！但这是真实的。他太爱读书了，尤其是纸面文字的阅读方式。而且他对书的阅读能力、消化能力和吸收能力特别强，举一反三的能力则更厉害。也许有时别人会觉得游离和勉强，但恰恰是这点，证明了他读书是为自己所用，为成功所用的。

基于这些，我就动员他把零散的观点或心得记下来，加以整理，供更多的读者朋友来交流探讨。借用村上春树的书名《当我谈跑步时，我谈些什么》，那我们也可以知道，车建新先生除了在商场、办公室、谈判桌以外，在上海西郊的绿地小坡跑步时，他思考些什么。我以为这些思考，无论对现时仅仅为生存的人们，还是对刚步入社会渴望成功的年轻人，都很受用，很有益，也会让你读得很轻松、很快乐。

《体验的智慧》是车建新先生定的书名，或许正是对他自己体验之体验，感悟的感悟。他说：分享生活哲学，一年改变人生。但你要称他"生活哲学家"，他却不肯接受了。他又会说，因为自己是搞家居 Mall 的，家不仅有硬件，还有软件，那就是生活。目前要为大众打造品位家居、艺术家居，就要研究生活艺术的哲学，做家居艺术的专家，更要成为生活的专家嘛！那我们该给车建新先生一个怎样的定位比较合适而准确呢？

日前看到英国的《每日电讯报》刊载：科学家发现大象拥有四种截然不同的性格——"领导者、温柔巨人、调皮捣蛋者和辛勤工作者"。很巧的是，这四种性格符号几乎都与车建新对得上：首先他是优秀的企业领导者，红星文化的赏识与激励正体现了他的柔性管理，他那天马行空的思维常常在同"设限"和"定式"捣蛋，但他又是非常勤奋的实践者。而且，当本书完成的今天，车建新还应该再加上"哲学与智慧的体验者"这一条吧！

相信读过本书的朋友，对车建新其人肯定会有一种比原来印象中更完整、更深入的认识和了解。

钱 莊

作家、策划人、传媒人、红星美凯龙集团顾问